[太陽電池のエネルギー変換効率]

カラーイメージによる等高図で示す。 1 ～ 9
図の説明は，（ ）内に示すページを参照されたい。

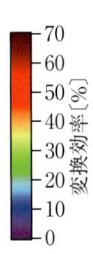

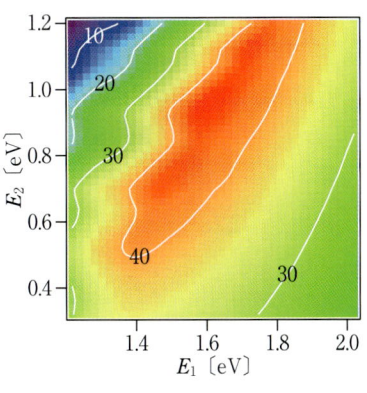

図 6.9（p.79） 1

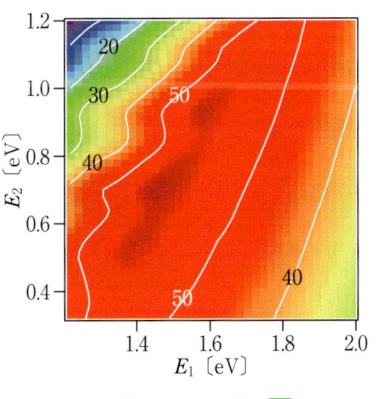

図 6.10（p.79） 2

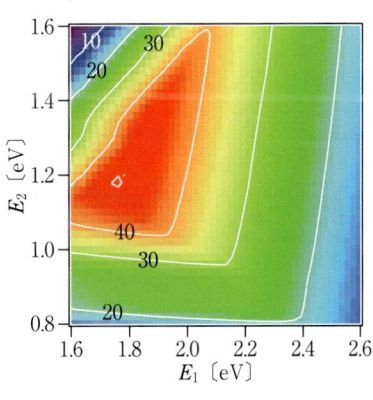

図 6.11（p.80） 3

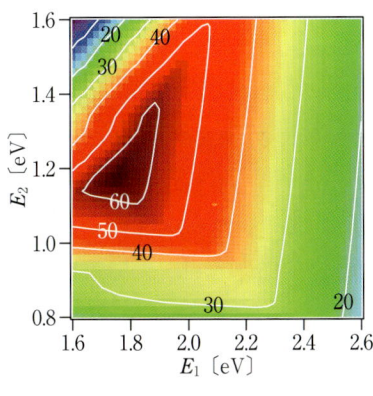

図 6.12（p.80） 4

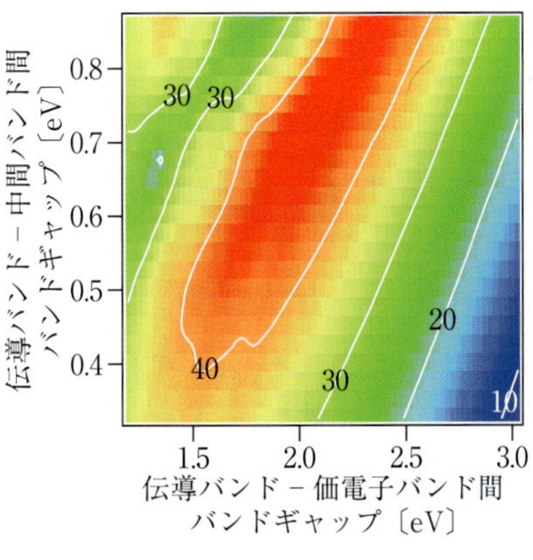

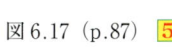

図 6.17（p.87） 5

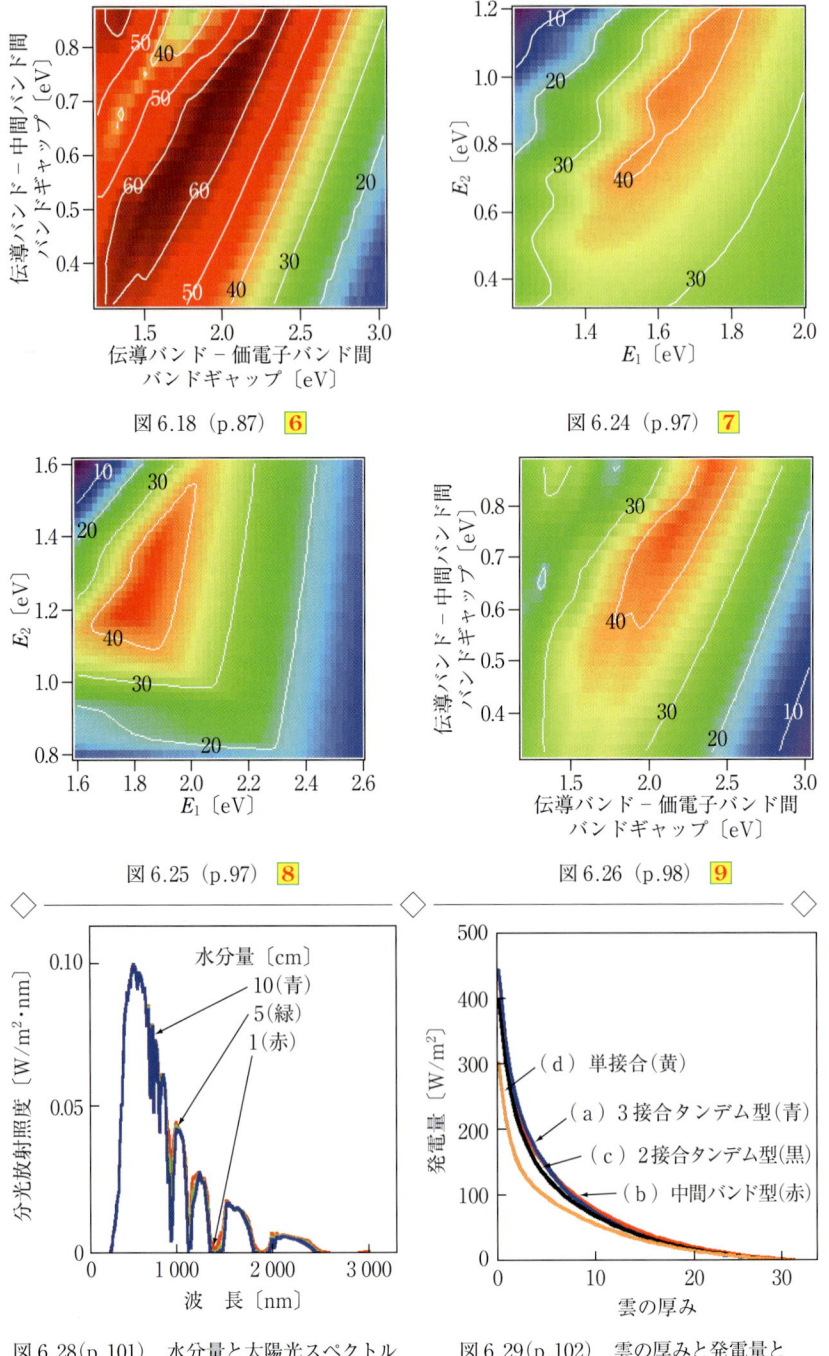

図6.18 (p.87) 6

図6.24 (p.97) 7

図6.25 (p.97) 8

図6.26 (p.98) 9

図6.28(p.101) 水分量と太陽光スペクトル形状との関係（口絵 10）

図6.29(p.102) 雲の厚みと発電量との関係（口絵 11）

太陽電池の
エネルギー変換効率

工学博士 喜多 隆 編著

コロナ社

編著者

喜多　隆　神戸大学大学院工学研究科電気電子工学専攻，工学博士

執筆者

河田　真典　神戸大学大学院工学研究科電気電子工学専攻

高橋　章浩　神戸大学大学院工学研究科電気電子工学専攻

長谷川　愛子　神戸大学大学院工学研究科電気電子工学専攻

長谷川　隆一　神戸大学大学院工学研究科電気電子工学専攻

別所　侑亮　神戸大学大学院工学研究科電気電子工学専攻

山本　益輝　神戸大学大学院工学研究科電気電子工学専攻

笠松　直史　神戸大学工学部電気電子工学科

加田　智之　神戸大学工学部電気電子工学科

（2012年3月現在）

まえがき

　私たちの生活の豊かさは，大量のエネルギー消費によって支えられている。「いつでも，どこでも」欲しいものを手に入れることのできる便利な社会は，エネルギーを湯水のように使った物資の猛烈な輸送と，人の高速な移動で実現されている。また，便利で使いやすい高性能なデバイスはあらゆるものを制御し，われわれの意識から消えてしまうほどにいきわたり，日々大量のエネルギーを消費しながら動き続けている。このようなエネルギー消費は，ほぼ GDP と歩調を合わせながら右肩上がりに増加している。今後，世界の電力需要は，2030 年には現在の 1.5 倍になると予想されており，これまでこの電力需要を支えてきたのはいうまでもなく原子力発電である。

　原子力発電は，「原子力」を平和利用するわが国にとっては特別な事業であり，現実にも戦後の経済発展の原動力となった。原子力発電は発電において CO_2 を排出しないシステムであるため，石油や石炭などの化石資源を使用しないクリーンなエネルギーとして脚光を浴び，国を挙げて取り組んできた事業である。化石資源に代わるクリーンな新エネルギーシステムの開発と大規模な普及は，持続可能な低炭素社会を実現するためにも不可欠な取組みであるが，それを原子力のみに頼ることには今日多くの疑問が投げかけられている。

　この課題を克服すると期待されているのが再生可能エネルギーである。太陽光，風力，水力に加えて最近話題のバイオ燃料や地熱など，一度利用しても再生可能で枯渇することのないエネルギーを再生可能エネルギーという。つまり，再生可能エネルギーは普段は放棄しているエネルギーといってもよい。それぞれのエネルギー源の毎秒当りのエネルギー量は，太陽光が 42 兆 kcal/s，風力が 880 億 kcal/s，水力が 5 億 kcal/s と，圧倒的に太陽光のエネルギー量が大きい。

まえがき

　太陽光エネルギーのスケールの大きさは，つぎのような見方をすればわかりやすいかもしれない。地上に到達する太陽光エネルギーは，$1 m^2$ 当り約 1 kW であり，地球に届く太陽光エネルギーの1時間分の量で，世界全体が1年間消費しているエネルギーをすべて賄えるという。地球全体の1％の面積に太陽電池を設置すれば，世界中が必要とする電力を創り出せるのである。そして，そもそもが放棄しているエネルギーを使うだけである。

　また，太陽電池をデバイスという側面から見た場合にはつぎのような特徴がある。モータのような可動部分がない。原子力発電も，火力発電も，そして風力発電も突き詰めればモータを回して発電しているのである。太陽電池は半導体中の"電子"以外は何も動いていない。音もなく電気を生むのである。また，大規模集中発電から小規模分散へ移行できる。これによりエネルギーネットワークのポートフォーリオ（portfolio）を組みやすくなる。

　しかし，原子力発電1基分を現在の標準の太陽電池でカバーするには，東京ディズニーランド100個分の面積も必要である。太陽電池セルのコストも発電単価も安いほうがよい。これらは太陽電池セルのエネルギー変換効率に依存しており，高い変換効率を実現することが研究機関に課せられた使命である。しかし，高効率化に当たっては越え難い一つの大きな壁が存在する。それは半導体pn接合が一つしかない，いわゆる単接合太陽電池のエネルギー変換効率は約30％を超えることができないという理論限界である。一部の多接合型太陽電池を除き，市場に出ているほとんどの太陽電池が単接合であり，この限界の制約下にある。この変換効率の限界を計算によって証明し，論文「Detailed balance limit of efficiency of p-n junction solar cells, Journal of Applied Physics, vol. 32, no. 3, pp. 510～519（1961）」を発表したのが William Shockley と Hans-Joachim Queisser であったことから，この変換効率の限界は Shockley-Queisser limit（以下，S‐Q限界）と呼ばれている。

　われわれが太陽電池の勉強を始めようとするとき，すでに出版されている教科書を手にすることが多い。だが，残念ながらどの太陽電池の教科書を見ても，太陽電池の限界を証明しているこの単純化されたすばらしい理論に詳しく

触れることなく，エネルギー変換効率の計算の結果が示されているだけである。これは決して教科書著者の諸先生方のせいではなく，原著論文がたいへん良く書かれているために，原著論文を読めば済むだけの話であって，改めて解説する必要がなかったからである。わたくしたちの研究室では太陽電池の研究を始めるに当たり，この原著論文を勉強するところから始めた。そこで受けた印象を率直にいえば，この理論的考察を進める過程の理解は，その最終結果だけを利用することによって得るものを遥かに超えているということである。本書では，多くの教科書のように広範囲の内容を扱うことは避け，エネルギー変換効率のS-Q限界にのみ着目する。まず，太陽電池の理論的な詳細平衡時の変換効率を求めていき，どのような要因がエネルギー変換効率に上限を与えている原因になっているかを浮き彫りにしていく。また，本書の最後の8章には半導体の基礎を解説した。これは，大学3年生の学生を対象に実施している「半導体電子工学」の講義ノートをまとめたものであり，非常に基礎的な内容であるが半導体の大切な考え方を含んでいる。S-Q限界の説明では極力半導体の知識を使わず説明を試みたが，7章で明らかにしたように半導体の特性ゆえに理想条件には限界があり，高い変換効率を実現するには多くの制約を一つひとつ取り外していかなければならない。そのためにも半導体の基礎知識が不可欠であり，太陽電池に必要なpn接合まで解説した。もちろん，この8章は読み飛ばしていただいても，前半の章の理解を妨げることはない。

　本書は，現役学生諸君によって執筆された太陽電池の変換効率の解説を編者の責任で内容を吟味し，編んだという非常にユニークなものである。また，半導体の基礎を加えることで，さらにつぎのステップに進もうとする読者の力となりたいと考えた。ここに，研究室の学生諸君と取り組んだ学習の成果を整理し，世に送り出すことで，太陽電池の研究，開発に取り組んでおられる方々だけではなく，これから太陽電池の物理を学ぼうとしている多くの若い方々に少しでもお役に立つことができるのであればこれ以上の喜びはない。

　2012年8月

喜　多　　　隆

[本書で使用するおもな記号（登場順に記す）]

記号	説明
$g(\nu, T)$	黒体輻射による光強度（プランクの黒体輻射）
$G(\nu, T)$	単位立体角から入射するフォトン流量
$u(\nu_g, T_s)$	完全理想モデルの太陽電池の変換効率
T_s	太陽の温度
E_C	伝導バンドの下端エネルギー
E_V	価電子バンドの上端エネルギー
E_g	半導体のバンドギャップエネルギー（$E_g = h\nu_g$）
E_{photon}	フォトンのエネルギー
P_{in}	太陽から入射する強度（立体角を考えない最大集光時の太陽光強度）
ω	地球から見た太陽の立体角
F_s	太陽からの黒体輻射による電子-正孔対の生成数
$P_{flux}(\nu_g, T_s)$	太陽の黒体輻射スペクトルの中で半導体が吸収できる光子数
f_ω	立体角の幾何学的因子
T_c	太陽電池の温度
F_{c0}	太陽電池自体の温度による電子-正孔対の生成数
$F_c(V)$	輻射再結合数
$R(V)$	非輻射再結合数
f_c	輻射と無輻射による電子-正孔対の生成数に対する輻射による生成数の比
I_{sh}	太陽電池の短絡電流
V_{op}	太陽電池の開放電圧
f	$f_c f_\omega / 2$
I_0	太陽光が入射していないときの太陽電池の最大電流
$v(x_g, x_c, f)$	開放電圧 V_{op} と完全理想太陽電池出力電圧 V_g の比
η_{nom}	非詳細平衡時の変換効率
P_{inc}	立体角を考慮した太陽電池に入射する太陽光強度（$P_{inc} = f_\omega P_{in}$）
V_{max}	最大出力時の電圧
$I(V_{max})$	最大出力時の電流
FF	フィルファクタ
$N(\lambda)$	AM（エアマス）データに基づく光子数スペクトル
$P'_{flux}(\nu_g, T_s)$	集光時に太陽の黒体輻射スペクトルの中で半導体が吸収できる光子数
X	集光率。最大集光率 $X_{max} = 45\,900$

目　　　次

1. 太陽電池と化学電池

1.1　化学電池の発電原理 ………………………………………………　2
1.2　太陽電池の発電原理 ………………………………………………　7
1.3　化学電池と太陽電池との対比 ……………………………………　12

2. 太陽からのフォトン

2.1　光の波長とエネルギー ……………………………………………　14
2.2　太陽光の波長 ………………………………………………………　17
2.3　黒体輻射 ……………………………………………………………　19
2.4　立体角の定義 ………………………………………………………　22
2.5　黒体輻射によるフォトン流量 ……………………………………　23

3. 完全理想モデルの太陽電池変換効率

3.1　太陽電池の変換効率 ………………………………………………　25
3.2　半導体のバンドギャップ …………………………………………　27
3.3　バンドギャップに起因する透過損と熱損失 ……………………　31
3.4　理想的な太陽電池の条件設定 ……………………………………　33
3.5　太陽電池出力の三次元的表記 ……………………………………　35
3.6　完全理想モデルの太陽電池変換効率曲線導出 …………………　37

4. キャリヤの生成と再結合が太陽電池の変換効率に及ぼす影響

4.1　太陽電池の入力 ……………………………………………………　42

| 4.2 | 電流 – 電圧の関係 | 46 |
| 4.3 | 短絡電流と開放電圧 | 51 |

5. 詳細平衡モデルによる太陽電池変換効率

| 5.1 | 非詳細平衡時の変換効率 | 55 |
| 5.2 | 詳細平衡時の変換効率 | 58 |

6. 太陽電池効率の実際の計算

6.1	単接合太陽電池	69
6.2	集光型太陽電池	73
6.3	多接合タンデム型太陽電池	77
6.4	中間バンド型太陽電池	81
6.5	光増感太陽電池	89
6.6	天候の影響	93
6.7	温度の影響	104

7. 理想条件の限界

7.1	吸収係数	111
7.2	少数キャリヤの拡散	115
7.3	膜厚を考慮した各物質の光電流密度	121

8. 半導体の基礎

8.1	半導体のバンドギャップ	128
8.2	真性半導体	133
8.3	外因性半導体	135
8.4	不純物のエネルギー準位とキャリヤの生成	137
8.5	バンド中のキャリヤ分布	142
8.6	フェルミ準位	147

8.7　キャリヤ密度の温度依存性 …………………………………………… *150*
8.8　半導体を流れる電流：ドリフト電流と拡散電流 …………………… *153*
8.9　擬フェルミ準位 ………………………………………………………… *159*
8.10　pn　接　合 …………………………………………………………… *162*
8.11　pn 接合の電流 - 電圧特性 …………………………………………… *168*

索　引 …………………………………………………………………… *175*

1. 太陽電池と化学電池

はじめに 本書では3章以降，太陽電池のさまざまな条件下における変換効率を導出している。太陽電池の変換効率を考えるうえで，太陽電池がどのような原理で発電するのかを理解することは非常に重要である。しかしながら，高校化学で一般的に学ぶ機会のある化学電池とは異なり，太陽電池の原理について学ぶ機会というのは，一部の専門的な学部を除くと残念ながらほとんど皆無に等しい。

たとえ太陽電池について学ぶ機会が設けられたとしても，半導体のpn接合[†1]で構成される太陽電池の発電の仕組みに関して，"半導体工学"の分野で論ぜられることが多いように感じる。半導体と銘打たれると，高校までに学んだ化学電池とはまったく別の分野のような気がしてくるかもしれない。このため，せっかく太陽電池の仕組みについて学習しようとしたものの，半導体の物性に関して学ぶことが多すぎて，直感的にイメージが湧きにくい読者も多いかもしれない。

本章では，高校で学んでなじみの深い化学電池，その中でも，まず初めに学んだであろう**ボルタ電池**[†2]を例に挙げて，酸化還元反応という観点から化学電池と太陽電池を対比させ，どのように太陽電池が太陽のエネルギーを電気エ

[†1] 半導体結晶中に電子が豊富に含まれているn層と，正孔が多いp層がぴったりと合わさった半導体のこと。8.10節で述べる。
[†2] ボルタ電池には，亜鉛板と銅板を硫酸水溶液に浸した構造の初期ボルタ電池のほかに，酸化した銅板と食塩水を用いた後期ボルタ電池が存在するが，ここでは，説明の便宜上から初期ボルタ電池をボルタ電池として扱う。

ネルギーへ変換するのかを説明する。電気の流れる様子をイメージしやすくするために，太陽電池の内部における，電子の動きに重点を置いて説明するように努めた。

まず，高校化学のレベルでボルタ電池の仕組みを説明したあと，太陽電池の発電原理を化学電池と結び付けながら説明する。最後に，化学電池と太陽電池は，「電池」と呼ばれるものどうし，何が同じで何が異なるのかを議論することで，より太陽電池の位置付けをわかりやすくした。

1.1 化学電池の発電原理

本節では，代表的な化学電池であるボルタ電池について説明する。高校化学で学習した範囲を復習する程度の説明なので，高校化学の範囲を十分に理解している読者は 1.2 節へ進んでもかまわない。

さて，ボルタ電池の概念図を**図 1.1**に示す。硫酸（H_2SO_4）水溶液が入ったビーカーへ亜鉛板 Zn と銅板 Cu を浸している。この二つの金属板と，負荷（電球など）とを導線で接続した構造である。このような電池を作った際に，どのような化学反応が生じるのかを順を追って見ていこう。

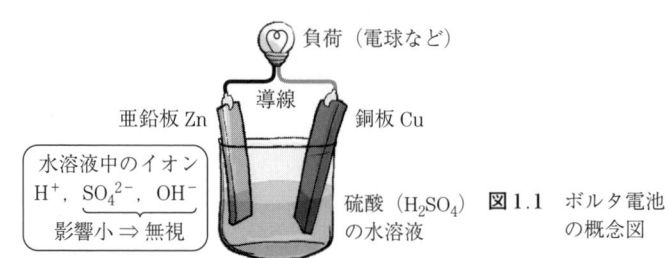

図 1.1 ボルタ電池の概念図

まず初めに，電池から一歩離れて，導線で接続しない状態を考える。硫酸水溶液へ金属板をそのまま浸すとどのような反応が生じるだろうか。

金属と，硫酸水溶液の反応を考えるために，金属のイオン化について簡単に説明する。金属などの物質が，負電荷を持つ電子 e^- を放出して，陽イオンに

なる現象を**イオン化**という．金属亜鉛（Zn）を例に挙げると，$Zn \rightarrow Zn^{2+} + 2e^-$ といった反応がイオン化である．物質ごとにイオン化しやすさは異なっており，**図1.2**（a）のようにイオン化しやすい順に物質を並べた列のことを**イオン化傾向**という[†]．

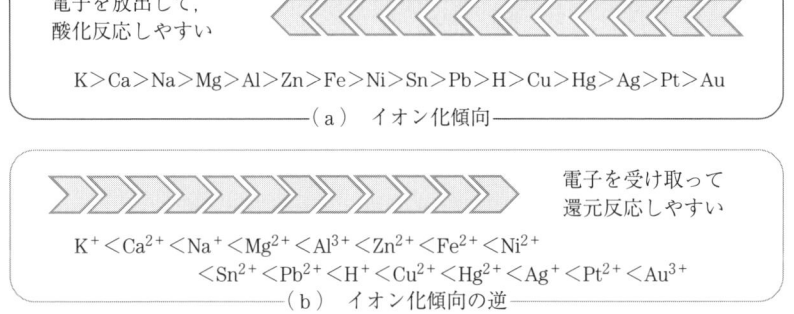

図1.2　イオン化傾向とその逆

図（a）に示すイオン化傾向は，左側の物質ほど電子を放出しやすい傾向にあることを表している．最も電子を放出しやすい金属はカリウム（K）である．カリウムやナトリウムのように，元素の周期表で1族に属する金属は，電子を放出してイオン化しやすい．自然界でも，カリウムやナトリウムは，金属単体ではめったに存在せず，ほとんどはイオン化して塩素イオンなどと結び付いて「塩類」の状態となっている．これに対して，一番右側の物質，つまり，最も電子を放出しにくい物質は金（Au）である．Au は「錆びない」ことで知られるように，化学的に非常に安定した金属であることからも，電子を放出しにくく，反応しにくいことがイメージできるだろう．

図（b）に示す"イオン化傾向の逆"は，イオン化した物質における電子の受取りやすさを示しており，右側のイオンほど電子を受取りやすいことを表している．例えば，水素イオン（H^+）が電子を受け取ると，$2H^+ + 2e^- \rightarrow H_2$ とい

[†] イオン化傾向を見て，高校時代に覚えた「**貸**（K）**そう**か（Ca）**な**（Na），**ま**（Mg）**あ**（Al）**あ**（Zn）**て**（Fe）**に**（Ni）**する**（Sn）**な**（Pb），**ひ**（H）**ど**（Cu）**す**（Hg）**ぎ**（Ag）**る借**（Pt）**金**（Au）」を思い出す方も多いだろう．

う反応が生じて、H^+ は水素分子 (H_2) になる。

　金属板と硫酸の反応を考えるため、図1.1に登場するおもな物質を整理しよう。金属板は亜鉛 (Zn) と銅 (Cu) である。水溶液の中には硫酸 (H_2SO_4) から水和した大量の硫酸化物イオン (SO_4^{2-}) と大量の水素イオン (H^+)、そして水の自己イオン化によってわずかに存在する水酸化物イオン (OH^-) が存在している。以降の説明では、SO_4^{2-} と OH^- は重要ではないので無視する。

　これらの物質の中で反応を起こすペア (pair, 対) は、Zn と H^+ である。イオン化傾向を見ると、Zn は H_2 よりも電子を放出しやすく、H^+ は Zn^{2+} よりも電子を受け取りやすい。このような条件がそろった場合に、Zn が H^+ に電子を与える反応が生じる。

　ある物質が電子を放出し、その電子をほかの物質に与える反応のことを**酸化反応**という。**図1.3**では、Zn が電子を放出してイオン化 (Zn^{2+}) しているので、酸化反応を起こしたのは Zn である。

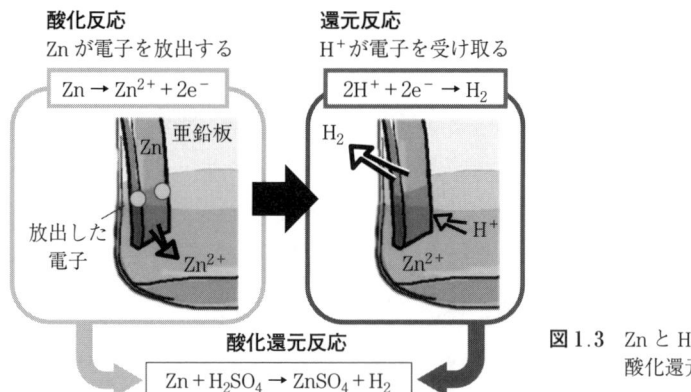

図 1.3　Zn と H^+ との酸化還元反応

　つぎに、H^+ を中心に据えて考えよう。H^+ は Zn から電子を受け取って H_2 になった。このように、ある物質がほかの物質から電子を受け取る反応のことを**還元反応**という。図では、H^+ が還元反応を起こしている。

　酸化反応（電子を放出する反応）と還元反応（電子を受け取る反応）は、必ずペアになって生じる反応であり、併せて**酸化還元反応**という。この亜鉛 Zn

と水素イオン H^+ の反応の場合，H^+ の起源は硫酸 H_2SO_4 であるから，Zn と H_2SO_4 の酸化還元反応とみなして，式 (1.1) の反応式で表せる。

$$Zn + H_2SO_4 \rightarrow ZnSO_4 + H_2 \qquad (1.1)$$

つぎに，酸化還元反応ののち，少しだけ Zn^{2+} が水溶液中へ溶け出した状態を考えよう。まだ，水溶液中には未反応の H^+ が大量に存在し，イオン化していない金属亜鉛も大量に存在する。よって，潜在的にはまだまだ酸化還元反応は起こる状況にある。しかし，亜鉛板の周りには溶け出した亜鉛イオン Zn^{2+} が存在するために，陽イオンどうしのクーロン斥力[†]が働き，図1.4 のように水溶液中の H^+ は亜鉛板に近づきにくい状態となっている。

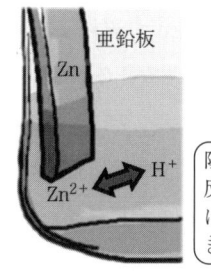

図1.4 Zn^{2+} と H^+ とのクーロン斥力

さらに，図1.3 で示したような酸化還元反応により，亜鉛板上から生じた水素の気体分子 H_2 の粒子も亜鉛板上に付着しているので，亜鉛板だけが硫酸水溶液に浸かっている場合，酸化還元反応が進むごとに，水素イオン H^+ は亜鉛板に近づきにくくなり，反応の速度は遅くなる。

ここで，亜鉛板に導線が接続されており，導線は負荷を通じて銅板に接続されている図1.1 の状態を考える。金属板内，および導線内であれば金属中の自由電子は自由に移動することが可能である。つまり，H^+ は，近づきにくい亜鉛板上で Zn からわざわざ電子を受け取るよりも，付近の陽イオンの量が少ない銅板上で電子を受け取ったほうが楽（エネルギー的に得する）なのである（図1.5）。

[†] 陽イオンどうしが，磁石の同極を近づけたときのように反発する力

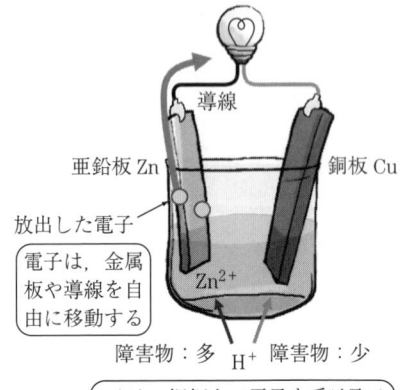

図 1.5 Zn^{2+} が溶け出したあとは，硫酸水溶液中の H^+ は銅板上のほうが電子をたやすく受け取れる

したがって，亜鉛板上では図 1.3 と同様に亜鉛 Zn が酸化反応を起こして電子を放出し，亜鉛イオン Zn^{2+} が水溶液中に溶け出すが，Zn から放出されて亜鉛板内に残った電子は，亜鉛板上では水素イオン H^+ に与えられず，亜鉛板に接続された導線を通って銅板内に流れ込む。そして，銅板上で電子は H^+ に与えられ，H^+ は還元反応を起こして水素分子 H_2 となる（**図 1.6**）。

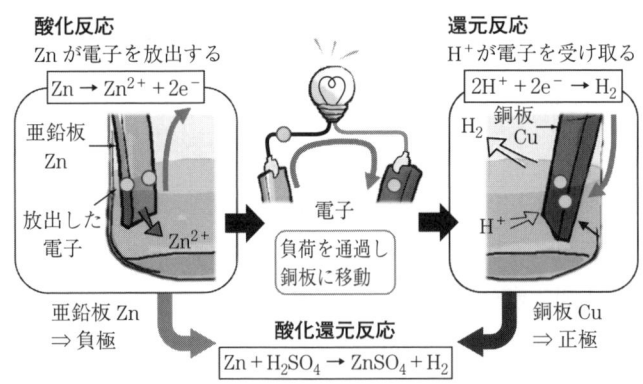

図 1.6 銅板上での H^+ の還元反応（ボルタ電池の発電原理）

このように，酸化反応と還元反応を別々の場所で生じさせることにより，意図的に電子の移動を起こさせ，電子の通り道の途中に負荷を接続することで，電子の移動をエネルギーとして取り出す装置を**化学電池**という。

電池における電極の区別は，電子が流れ出す電極を**負極**，電子が流れ込む電極を**正極**という。図1.7に示す乾電池をイメージしてみよう。電流は乾電池の正極から負極へ流れる。電流の向きと，電子が流れる向きは逆にとるので，電子は乾電池の負極から正極へ流れる。ボルタ電池の場合，酸化反応が生じて電子が流れ出す亜鉛板が負極，電子が流れ込んで還元反応が生じる銅板が正極である。

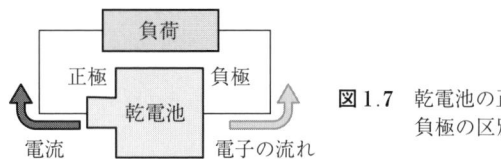

図1.7　乾電池の正極と負極の区別

1.2　太陽電池の発電原理

前節では，酸化還元反応とボルタ電池の発電原理を簡単に説明した。本節では「酸化還元反応」という観点から，太陽電池の発電原理を考えよう。本節で説明する太陽電池は，太陽電池の中でも代表的な単結晶系 pn 接合型半導体を用いた太陽電池とする。図1.8に，この太陽電池構造の概念図を記す。p層

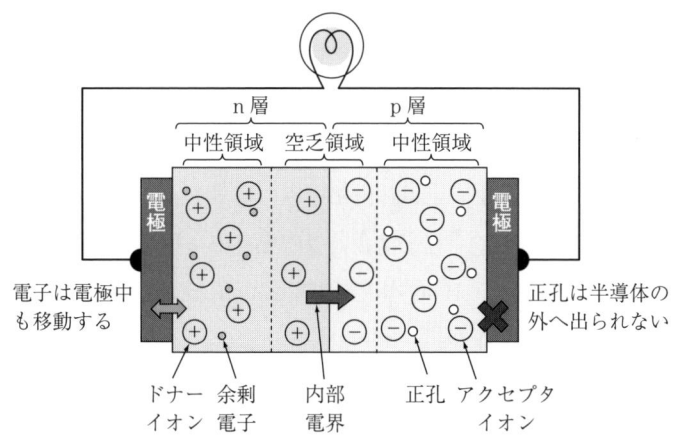

図1.8　pn 接合型の太陽電池構造の概念図

側，n層側の両方に電極が導線で接続されており，電極と半導体の間で電子は自由に移動できるとする（このような状態を**オーミック性がとれている**（ohmic contact）という）．

p層内には，周囲の半導体ホスト結晶から電子を受け取ることで負に帯電したアクセプタイオンと，アクセプタから生じた正孔が存在する．n層内には，周囲の半導体ホスト結晶と共有結合をするために電子を放出することで正に帯電したドナーイオンと，そのドナーから放出された余剰電子が存在する．中央のpn接合面付近では，アクセプタから生じた正孔とドナーから生じた余剰電子が再結合してたがいに消滅し，正孔や余剰電子が存在しない空乏領域が広がっている．

空乏領域の外側の領域に注目すると，p層側ではアクセプタイオンと正孔の数が同じであるために電気的中性が保たれており，n層側でもドナーイオンと電子数が同じであるために電気的中性が保たれている．電気的中性が保たれ，極性がないため，空乏領域外の領域を**中性領域**と呼ぶこともある．これに対して，空乏領域内は，アクセプタイオンとドナーイオンの数が同じであるために，中性領域同様に電気的中性は保たれているが，アクセプタイオンとドナーイオンがそれぞれp層側，n層側にあるために，空乏領域内には強い内部電界が発生している．

余剰電子は，半導体内部，オーミック性がとれている電極や，導線内へ自由に移動することが可能である．しかし，正孔は半導体の共有結合内にできた"電子の抜け"であるので，半導体の共有結合内でしか存在できない．つまり，正孔は金属内を移動できず，半導体内部のみに留まる．このことは，前節で説明したボルタ電池において，電子は金属板内を自由に移動できるのに対して，陽イオンである水素イオンH^+が水溶液中でしか存在できないことに対応させるとイメージしやすいだろう．

図1.8に示したp層，n層中の正孔や電子は，それぞれドーピングしたアクセプタとドナーから発生したキャリヤである．太陽電池の発電原理には，ドーピング不純物から起因するキャリヤ生成のほかに，光のエネルギーに起因する

キャリヤ生成（**キャリヤの光励起**という）が非常に重要となっている。

ここで，キャリヤの光励起について説明しよう。図1.9に半導体原子に十分大きなエネルギーを持った光が入射したときのキャリヤの光励起の様子を示す。光の持つ"十分大きなエネルギー"の基準に関しては，3章で詳しく説明する。

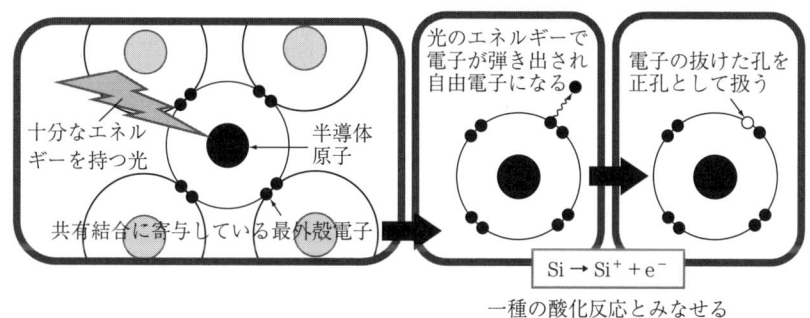

図1.9　半導体原子に光が入射したときのキャリヤの光励起

図1.9は，簡単のために原子一つのみを記しているが，この原子は周りの他の半導体原子と共有結合をしているものとする。原子の周りを回っている8個の電子は，共有結合に寄与している電子を表している。十分なエネルギーを持つ光が半導体原子に入射すると，共有結合に寄与している電子が光のエネルギーによって弾き出され，自由電子となる。このように，外部から光のエネルギーを受け取って半導体の電子が共有結合から外れ，自由電子となる現象を**電子の光励起**という。電子の光励起が生じたあとにできる共有結合内の"電子の抜けた孔(あな)"は正電荷を持った**正孔(こう)**として扱われる。

以上で述べたキャリヤの光励起の様子を化学反応式で表現しよう。半導体原子がシリコンSiの場合には，光励起の化学反応式は式（1.2）のようになる。

$$Si \rightarrow Si^+ + e^- \tag{1.2}$$

ここで，Siについて酸化還元反応に当てはめてみると，Siは電子を放出してイオン化（Si^+）しているので，電子の光励起はシリコン結晶における一種の酸化反応としても考えられる。

図 1.10 に，光の入射により電子 – 正孔対が生成されたあとの太陽電池内部の様子を示す．量子力学によれば，電子などの粒子に個性はないと考えられるので，光励起により生じた電子，正孔と，不純物のドーピングにより生じた電子，正孔との区別はつかない．つまり，図の中性領域において，破線の楕円で囲った範囲内にある，光励起により生じた正孔と，p 層内に存在する不純物から生じた正孔との間には，もはや違いはないということである．

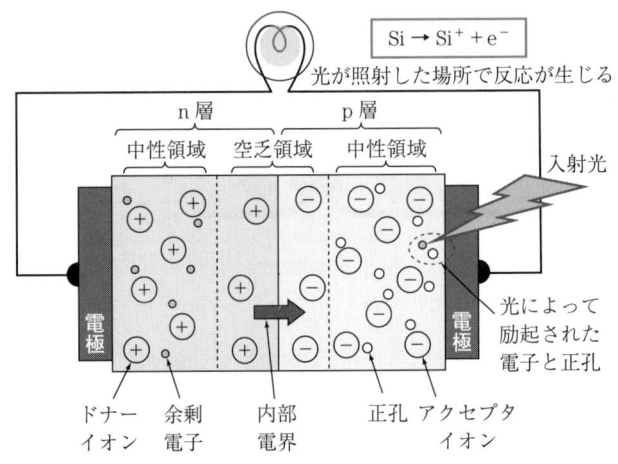

図 1.10 光励起により電子 – 正孔対が p 層内に生成されたあとの太陽電池内部の様子

図のような状態になったあとの，p 層内に存在する電子の動きに注目しながら，太陽電池の発電原理について説明しよう．**図 1.11** に，光が照射されている最中の太陽電池内部での電子の動きを示す．以下に，電子の動きを箇条書きにして示す．箇条書きの番号は図中の番号に対応しているので，図を見ながら電子の動きを理解してほしい．

① p 層の中性領域内では，電子はクーロン力などの電気的な力を受けずに拡散運動する．

② 拡散運動の途中で電子が p 層内の正孔と衝突すると，その電子は正孔と再結合を起こして消滅する．

③ 電子が p 層側の中性領域中で正孔と衝突することなく，運よく空乏領

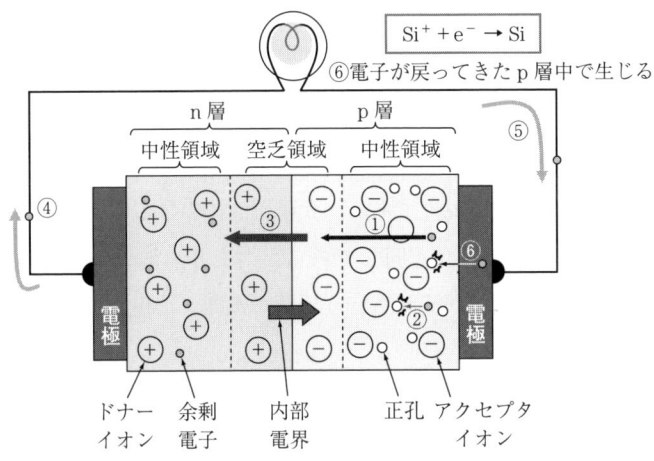

図 1.11　太陽電池内部での電子の動き

域までたどり着いたとする。空乏領域内には，先に述べたようにアクセプタイオンとドナーイオンによる強い内部電界が存在する。電子は負に帯電した粒子なので，アクセプタイオンとは反発し，ドナーイオンに引き寄せられる。したがって，電子は空乏領域内にたどり着くと，空乏領域内の内部電界により一気に加速されて n 層側に流れ込む。

④　電子が p 層から n 層へ流れ込むと，n 層中の電子濃度は光が入射する前よりも高くなる。粒子は濃度が高くなると，より濃度の低い方向へ拡散しようとする。n 層の場合，pn 接合側に電子が移動すると，電子は空乏領域の内部電界に押し戻されるので，電子は pn 接合側には拡散しにくい。一方，n 層に実装した電極側ならば，電子の拡散を妨げる電界などは存在しない。したがって，電子の濃度が高くなった n 層から電極へ電子が拡散する。

⑤　拡散した電子は，導線から負荷を通って p 層側の電極へたどり着く。

⑥　p 層内へ流れ込んだ電子は，正孔と衝突して再結合する。電子と正孔の再結合を，電子の光励起のときと同様に，半導体原子がシリコン Si であるとして化学反応式を表すと式 (1.3) のようになる。

12　1. 太陽電池と化学電池

$$Si^+ + e^- \rightarrow Si \tag{1.3}$$

電子と正孔の再結合は，Si に注目すると，正孔を有する Si^+ が導線から流れ込んできた電子を受け取って Si になる反応なので，Si^+ の還元反応とみなすことができる。

以上が，太陽電池の発電原理である。太陽電池における電極の正負は，化学電池における考え方とまったく同じである。つまり，電子の流れ出す n 層側の電極が負極であり，電子が流れ込む p 層側の電極が正極である。

1.3　化学電池と太陽電池との対比

1.1 節で化学電池について復習し，1.2 節では太陽電池について酸化還元反応をイメージの助けとして説明した。太陽電池が発電する際に生じる反応について，ボルタ電池で生じる酸化還元反応になぞらえて考えると，共通点が意外と多いことに気がつくだろうか。

ボルタ電池では，酸化反応が生じる場所は亜鉛板上であり，還元反応が生じる場所は銅板上と，酸化と還元がそれぞれ別の場所で生じること，還元は電子が導線を移動したあとに生じることがミソであったことを思い出してほしい。

太陽電池の場合には，電子と正孔の光励起（酸化反応に対応）が生じる場所は"半導体原子に十分なエネルギーを持った光が当たった場所"であり，電子と正孔の再結合（還元反応に対応）が生じる場所は"p 層中の電極付近"である。しかも，電子と正孔の再結合に関しては，電子は図 1.11 で説明した②「空乏領域に達する前の再結合」と，同じく⑥「導線を通って p 層へ流れ込んだ後の再結合」といった 2 パターンの再結合が考えられるが，ボルタ電池の場合と同様に，電力としてエネルギーを取り出すのに寄与するのは⑥の導線を通って p 層へ流れ込んだあとに生じる電子と正孔の再結合のみである。

②の「空乏領域に達する前の再結合」は，あえてボルタ電池でたとえると，図 1.3 に記した亜鉛板上での H^+ の還元反応のようにイメージするとよいだろう。

1.3 化学電池と太陽電池との対比

図1.12に太陽電池とボルタ電池との対比を示す。太陽電池と化学電池との決定的な違いの一つは，**電力を貯蓄できるかどうか**，である。

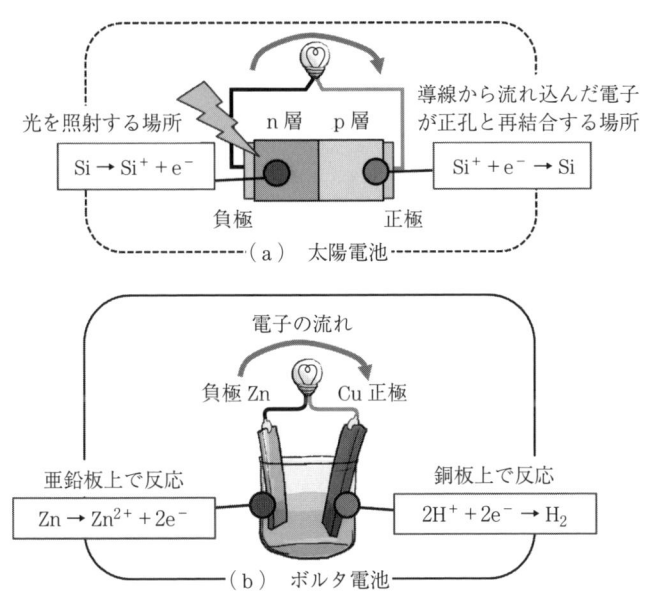

図1.12 太陽電池とボルタ電池との対比

化学電池は水溶液にイオンを保持できるので，電極に負荷を接続すればいつでも電力が得られるのに対して，太陽電池は光源がなければ発電することができない。しかしながら，ボルタ電池の水溶液のように，光そのものの保存が可能になれば，太陽電池も**太陽乾電池**として使える日がくるにちがいない。

> # 2.
>
> # 太陽からのフォトン

はじめに 太陽電池は，1章でその発電原理を述べたように，光のエネルギーを電気のエネルギーに変える装置であるので，太陽電池の変換効率を導出するに当たって，まずは光のエネルギーとは何かというところから考える必要がある。本章では光のエネルギーとは何なのか，そして，太陽から放出されるエネルギーにはどのような特徴があるのかを説明する。

2.1 光の波長とエネルギー

光は電磁波の一種である。光は波のように振動しながら空間を進む波動性を有すると同時に，電磁場が量子化されることによって現れる粒子性も有することが知られている。光は"波"とも考えられるし，"粒子"としても扱えるという二重性を有している。

光を粒子として考える場合，この粒子のことを**フォトン**（photon, **光子**）と呼ぶ。個々のフォトンが有するエネルギーはフォトンの振動数に比例し，光全体が有するパワーはフォトンの振動数とフォトンの数に比例する。

式（2.1）は，光の振動数 ν とエネルギー E との関係を示す式であり，h はこれら二つの要素を関係付けるためのプランク定数（$\simeq 4.14 \times 10^{-15}$ eV·s）で

$$E = h\nu \tag{2.1}$$

である。式（2.1）はアインシュタインの**光量子仮説**ともいう。それまで波であると考えられてきた光が，実はフォトンという"つぶつぶ"（粒子）から構

成されるものでもあると仮定した重要な式である[†1]。

式 (2.2) は，波の振動数 ν [Hz]，波が伝搬する速さ c [m/s]，波長 λ [m] の関係を示す非常に基本的な式である。

$$\nu = \frac{c}{\lambda} \tag{2.2}$$

波が1秒間に何回振動するかは，その波が1秒当りに伝わる距離（速度）を，波1個分の長さ（波長）で除算すれば計算できる。ここで考えている波とは光のことなので，波の速さは光速（$\fallingdotseq 3.0\times 10^8$ m/s）を表している。

光と粒子を結びつける式 (2.1) へ，波に関する一般的な式 (2.2) を代入すると，エネルギーと波長の関係を表す式 (2.3) が得られる。

$$\frac{hc}{\lambda} = E \tag{2.3}$$

プランク定数 h と光速 c は定数であり，これらを乗算すると約 $1\,240\times 10^{-9}$ eV·m となる。式 (2.3) の hc 部分を定数にして，光の波長とエネルギーに焦点を絞ったのが式 (2.4) である。

$$\frac{1\,240}{\lambda\,[\mathrm{nm}]} \fallingdotseq E\,[\mathrm{eV}] \tag{2.4}$$

式 (2.4) より，光の波長と，光のエネルギーは反比例の関係にあることがわかる。

式 (2.4) を**図 2.1** にグラフ化して示す。横軸が光の波長であり，縦軸がフォトン一つが持つエネルギーを表している。図には，波長ごとに分類されている一般的な電磁波領域の名称も示した。

光は波長が短いほどエネルギーが大きく，波長が長いほどエネルギーが小さい。われわれが見ることができる光（可視光）の波長帯は，図に示したようにほぼ 400〜800 nm 程度（n は 10^{-9} 倍を表し，ナノと読む。1 nm = 10^{-9} m）[†2]で

[†1] 余談であるが，アインシュタインのノーベル賞の受賞対象は，相対性理論ではなく，この光量子仮説と光電効果に対してである。

[†2] **10 の整数乗倍** 10^{24}（ヨタ Y），10^{21}（ゼタ Z），10^{15}（ペタ P），10^{12}（テラ T），10^9（ギガ G），10^6（メガ M），10^3（キロ k），10^{-3}（ミリ m），10^{-6}（マイクロ μ），10^{-9}（ナノ n），10^{-12}（ピコ p），10^{-15}（フェムト f），10^{-18}（アト a），10^{-21}（ゼプト z），10^{-24}（ヨクト y）

2. 太陽からのフォトン

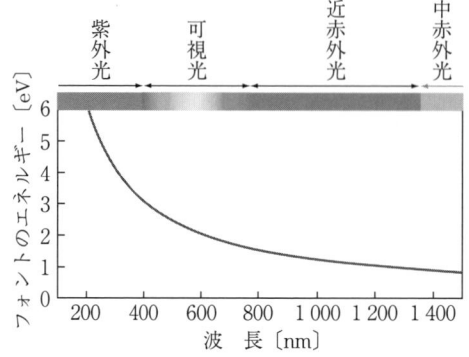

光の波長が短いほどフォトンのエネルギーは大きくなる。

図2.1 フォトンの波長とエネルギーの関係

あり，エネルギーにすると3.1〜1.6 eV程度となる。

日焼けなど，皮膚細胞へ直接的に影響を及ぼす紫外光は，可視光よりも高いエネルギーを有しており，エネルギーにして3.1 eV以上，波長では約400 nm以下となる。

また，調理用器具などでしばしば話題に挙がる赤外光や遠赤外光は，可視光よりも低いエネルギーを持つ。遠赤外光を放つ鍋で美味しく調理ができるなどと謳われているが，遠赤外光は人体ほどの温度を有する物質なら何でも発している身近な電磁波である。温度と電磁波の間には，"輻射現象"という関係がある。**輻射**[†]については2.3節で述べるが，簡潔に説明すると，「温度を有する物質は必ず光（電磁波）を放出しており，放つ光の色合いは温度に依存する」という現象である。バーベキューで炭火を起こすと，温度の低い炭は暗く赤い色を放つが，温度が高くなるとまぶしい白色に見える現象が輻射である。

室温（25℃）の熱エネルギーが約26 meV，水の沸点である100℃での熱エネルギーも32 meV程度である。これに対して，普段浴びている太陽の光の大部分が1.6〜3.1 eVの光で構成されていることを考えると，光のエネルギーは普段目にするエネルギーの中でもかなり大きい。また，さらに大きなエネルギーを持つX線などの光は，遺伝子に直接ダメージを与えるため，生物にとって非常に有害である。

[†] 輻射は**放射**ともいう。

2.2 太陽光の波長

太陽電池は太陽光をエネルギー源にするので,太陽光のエネルギーにどのような特徴があるのか理解することが重要である。本節では太陽光の持つエネルギーや波長について説明する。

太陽を絵に描くと,個人による多少の差はあるものの,黄色や白っぽい色で描くことが多い。普段は白色に見える太陽光を,図 2.2 のようにプリズムへ通すと,色は赤,橙,黄,緑,青,藍,紫の 7 色に分かれる(実際には色はほぼ連続的に分かれるので,赤と橙の間の色など,自然界には無限に近い種類の色が存在するのだが)。これは,太陽光にはこれだけ多くの色,つまり多くの波長を持つフォトンが含まれていて,それらの色が合わさることで白色に見えていた,ということを意味している。

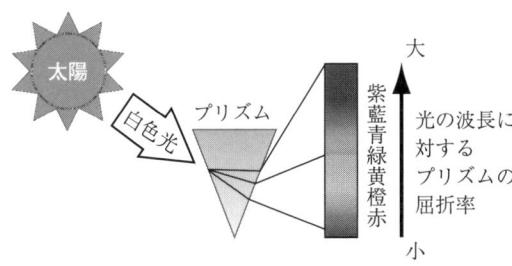

図 2.2 太陽光をプリズムに通したときのイメージ図

太陽光の波長分布を図 2.3 に示す。図の横軸は太陽光に含まれる光の波長を,縦軸はフォトンの流量(単位時間当りに単位面積へ流れ込むフォトンの数)を示している。破線で示した曲線 ① は,太陽から放射される元々のフォトンの波長分布であり,次節の式 (2.5) で示すような**プランクの黒体輻射の式**(Planck's law)において,太陽の温度を $T = 6\,000$ K とした場合の曲線に対応する。この曲線 ① は,熱を有する物質から電磁波が発せられる**黒体輻射**(black body radiation)というメカニズムに基づいている(2.3 節で黒体輻射について説明)。

18　2. 太陽からのフォトン

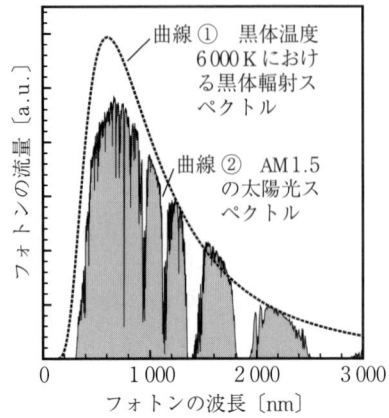

図 2.3　太陽光の波長分布

曲線①　黒体温度6000Kにおける黒体輻射スペクトル

曲線②　AM1.5の太陽光スペクトル

　曲線②は，地球の地表へ届く太陽光のスペクトルを表している。太陽から発せられた光は，宇宙空間を伝搬する間に水素原子などの星間物質に吸収されたり，散乱されたりするなどの相互作用を経て，地球に届く。地球に届いたあとも，大気圏を伝搬している間に，高濃度の酸素や水蒸気などによって光が吸収され，最終的に地表に届く光は曲線②のようになる。

　曲線②は，晴天時において地表で観測される代表的な太陽光スペクトルを表しているが，大気の状態（例えば雨天など）により地表に届く太陽光は絶えず変化することに注意しなければならない。太陽電池の変換効率は，3章で述べるように，太陽電池が発電した電力を入射光のパワーで除算した値で示される。したがって，地上で用いる太陽電池なら，地表に届く太陽光のパワーで除算することになる。しかしながら，天気によって地表に届く太陽光のパワーが絶えず変化するのでは，同じ能力を持つ太陽電池に入射したとしても，分母が絶えず変わるために，時々刻々とその太陽電池の変換効率が変化してしまう。実際に使用する際にはそれでいいのかもしれないが，太陽電池の研究開発の場では，太陽電池自体の変換効率向上を目指しているので，「今日はこの太陽電池にとって都合のいい天気でしたので，変換効率が上がりました」となっては困る。

　そこで，太陽電池の変換効率に用いるための，太陽光の基準というのが存在

する。太陽光がどれだけの距離の大気を通過したかというのを表した**大気通過量**（air mass coefficient；**AM**，**エアマス**）で評価する方式で，大気に含まれる成分を規格化している。

大気の外側の太陽光スペクトルを AM 0 とし，地球表面の法線に対して角度 θ で入射する太陽光の AM は $1/\cos\theta$ で与えられる。地表へ太陽光が垂直入射する $\theta=0$ では，$\cos(0)=1$ なので AM 1 となる。

曲線②は AM 1.5 とした場合の太陽光を表している。これは，表面の法線に対して約 48°の入射角で地表へ届いた太陽光を意味している。AM 1.5 は穏やかな気候における典型的な太陽光スペクトルとして，地表で使用される太陽電池の効率を決定するための標準スペクトルである。太陽電池の効率測定時に，入射光として AM 1.5 の波長分布で，パワーが $100\,\mathrm{mW/cm^2}$ のものを光源として使用した上で測定された変換効率のことを**公称効率**（nominal efficiency）という。公称変換効率は，国際電気規格標準化委員会 IEC TC-82 により定義され，世間一般に議論されている「太陽電池の効率」とは，この公称効率のことを指している。

2.3 黒体輻射

例えば，石炭や電球のフィラメントを熱すると，温度が高くなるごとに赤 → 黄色 → 白と色が変化することは，読者も経験から御存知のことだろう。このように，熱を持っている物質そのものが，電磁波，つまり光を発する現象を**輻射**または**放射**という。特に，石炭など黒色の物体からの輻射を**黒体輻射**という。

黒色の物質（黒体）は，周りの光を反射せずに吸収している。黒体から発せられる光には，物質が反射した光が含まれていないため，"発せられる光"="輻射した光"として扱える。したがって，黒体輻射を考えることは非常に都合がよい（図 2.4）。

輻射光の発見や研究は，18 世紀から 19 世紀にかけての産業革命のあと，鉄

2. 太陽からのフォトン

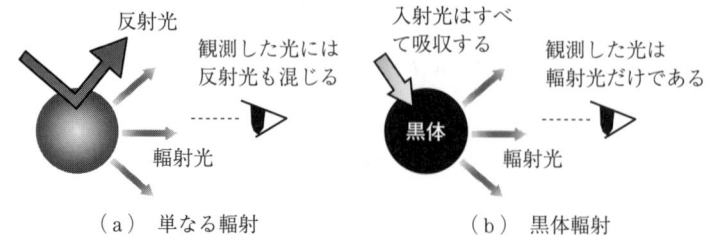

図 2.4 黒体輻射："黒体"で考える必要がある理由

鋼業が盛んになった頃から始まった。きっかけは,「熱した溶鉱炉の中の温度をいかにして測るか」という当然の疑問からである。どろどろに溶融した熱い金属液体の中へ,温度計を入れるわけにはいかない。そこで,溶鉱炉の中から放たれる光を測定し,光の波長と物質の温度との関係性を見つけることで,溶鉱炉内の温度を測定する方法が採られた。さまざまな研究の結果,物質の温度と,物質から放たれる光の間には,式 (2.5) の関係が成り立つことがわかった。

$$g(\nu, T) = \frac{8\pi h}{c^3} \cdot \frac{\nu^3}{\exp\left(\frac{h\nu}{kT}\right) - 1} \tag{2.5}$$

式 (2.5) は,**プランク (Planck) の黒体輻射**の式と呼ばれる。量子力学の幕開けともいうべき,非常に重要な関係式である。h はプランク定数 [J·s], c は光速 [m/s], ν は周波数 [Hz], k はボルツマン定数 [J/K], T は黒体の温度 [K] を示している。プランクの黒体輻射の式についての由来や説明は,さまざまな量子物理学の入門書に詳しく記されているので,本書では式と,関係式をグラフに記した際の概形だけを扱う。

黒体輻射は図 2.4 で示したように,黒体を構成する物質の性質には依存しないと考えられ,そのエネルギー分布は,周波数 ν と温度 T のみに依存する関数となる。

黒体輻射による光強度 $g(\nu, T)$ をイメージしやすくするために, $g(\nu, T)$ の単位を考えよう。周波数の単位は, [Hz] (= [1/s]) で表されるため, $g(\nu, T)$ の単位は

$$\left(\frac{\text{J·s·Hz}^3}{(\text{m/s})^3} = \frac{\text{J}}{\text{m}^3 \cdot \text{Hz}} \right)$$

となる。したがって，$g(\nu, T)$ は，単位周波数当り〔1/Hz〕，単位体積当り〔1/m^3〕の，黒体輻射によって発生するエネルギー〔J〕であることがわかる。

図2.5に，物質の温度ごとの黒体輻射スペクトルを示す。黒体の温度 T は，それぞれ2 000 K，4 000 K，6 000 K とした。

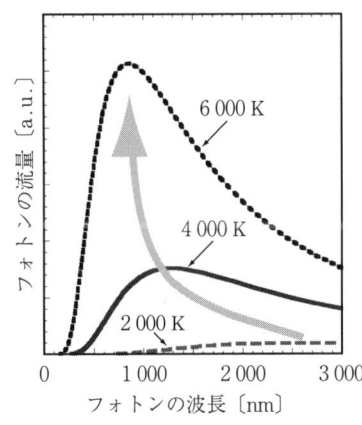

物質からの輻射は，温度が高いほど，光強度が強く，ピークは短波長側にくる。

図2.5 物質の温度ごとの黒体輻射スペクトル

黒体の温度が高いほど光の強度が強く，波長のピークが短波長側になっている。太陽から放射される元々の光は絶対温度6 000 Kの黒体輻射に近いので，太陽電池のシミュレーションにおける入射光には，この6 000 Kの黒体輻射スペクトルが太陽光の近似として用いられることが多い。本書でも，太陽電池へ入射する太陽光を6 000 Kの黒体輻射スペクトルに近似して計算を行った。

ここで，輻射という現象になじむために，人体から発せられる輻射光のピーク波長を計算してみよう。人体の温度は36℃程度であり，絶対温度にすると約319 Kである。式 (2.5) において，T=319 とし，光の振動数 ν を変化させて物質の輻射光強度 $g(\nu, T)$ が最大となる点を探そう。

計算すると，$\nu = 1.9 \times 10^{13}$ Hz 付近で最大値を取る。波長に変換すると，体温36℃の人体から発せられる輻射光は約 16 μm（=16 000 nm）の波長で最も強い値となる。太陽から発せられる輻射光は500〜800 nmの波長域で最大値

を取るので，太陽光と比べて，人体から発せられる輻射光は非常に長い波長を有する。波長 16 μm は，中赤外光の光に分類される。輻射光は，温度が高ければ高いほど，光強度も強くなるので，人体から発せられる輻射光は太陽光よりも格段に弱い光である。

人体などの熱を有する物質から発せられる微弱な輻射光をセンサで測定し，ピーク強度での光の波長から温度を割り出す機器がサーモグラフィである。

さて，輻射光に関する基本的なプランクの式を式 (2.5) で紹介したが，太陽が発する輻射光のすべてが地球に降り注ぐわけではない。4 章以降で登場する詳細平衡限界の計算では，さらに立体角という概念が不可欠となる。全輻射光のうち，地球に届く光の割合を考えるために立体角を考えなければならない。そこで，立体角を考慮したフォトンの流量も含めて表されるように式 (2.5) のプランクの黒体輻射の式を変形しておこう。まず，立体角の定義と意味について説明し，"立体角を考慮した黒体輻射によるフォトンの流量" を導出していく。

2.4 立体角の定義

まず，立体角を定義するために，図 2.6 に示したような半径 r の球を考える。この球の表面上のある面積を ΔA としたとき，立体角 ω は式 (2.6) で与えられる。

$$\omega \equiv \frac{\Delta A}{r^2} \quad [\mathrm{sr}] \tag{2.6}$$

つまり，立体角は半径で規格化した球の表面積における割合を表していること

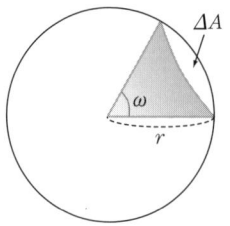

立体角 ω は，半径 r の球面積の中で円錐の面が切り取る面積 ΔA であるときに，その円錐の頂点から見た開く割合を示す。

図 2.6 立体角の定義

とになる。単位はステラジアン〔sr〕で表される。立体角は，平面角を三次元に拡張したものと考えられる。

2.5 黒体輻射によるフォトン流量

さて，立体角を定義したので，この立体角を考慮した黒体輻射によるフォトンの流量を求めよう。

まず初めに，フォトンのエネルギーではなくフォトンの数で考えるために，式 (2.5) で表した黒体輻射による光強度 $g(\nu, T)$ をフォトンのエネルギー $h\nu$ で割ろう。

$$g(\nu, T) \times \frac{1}{h\nu} = \frac{8\pi}{c^3} \cdot \frac{\nu^2}{\exp\left(\dfrac{h\nu}{kT}\right) - 1} \tag{2.7}$$

式 (2.1) で説明したように，周波数 ν のフォトン 1 個が持つエネルギーは $h\nu$ である。したがって，$h\nu$ で除算を行って得られる式 (2.7) の右辺は，単位周波数当り，単位体積当りの「フォトン数」となる。

つぎに，フォトンの流量を求めよう。流量とは，流体（ここではフォトン）が単位時間当りに移動する量（ここではフォトン数）を表す物理量である。フォトンの流量を表すには，フォトンの速度とフォトンの動く方向の二つのパラメータが必要となる。フォトンの速度は文字どおり光速であり，フォトンを発する黒体球からの放射の方向は球対称である。球対称ということは，どのような半径の球でも，球の表面におけるフォトンのエネルギー分布は一定と考えられる。

全立体角は，球の表面積（最大の ΔA）を球の半径の 2 乗で除算した値であり，積分すると式 (2.8) のように表される。

$$\int d\Omega = 4\pi \tag{2.8}$$

フォトンの流量を求めるために式 (2.7) に光速を掛け，単位立体角当りの値にするために，全立体角 4π で割ると，式 (2.9) が導かれる。

$$g(\nu, T) \times \frac{1}{h\nu} \times \frac{c}{4\pi} = \frac{2}{c^2} \cdot \frac{\nu^2}{\exp\left(\frac{h\nu}{kT}\right) - 1} \equiv G(\nu, T) \tag{2.9}$$

式 (2.5) の場合と同様に単位を示すと，以下のようになる．

$$\left(\frac{\mathrm{J \cdot s \cdot Hz^3}}{(\mathrm{m/s})^3} \cdot \frac{1}{\mathrm{J}} \cdot \frac{\mathrm{m}}{\mathrm{s}} \cdot \frac{1}{\mathrm{sr}}\right) = \frac{1}{\mathrm{m^2 \cdot s \cdot Hz \cdot sr}} = [\mathrm{m^{-2} \cdot s^{-1} \cdot Hz^{-1} \cdot sr^{-1}}]$$

つまり，式 (2.9) は，単位周波数当りに，単位面積に単位時間のうちにある単位立体角から入ってくるフォトン流量となる．

式 (2.9) は，3章以降で太陽電池の変換効率を求める際にたびたび用いる式であるので，簡単のために $G(\nu, T)$ とおく．

3. 完全理想モデルの太陽電池変換効率

はじめに 本書のゴールは，太陽電池におけるキャリヤの生成と再結合の平衡状態を考慮した変換効率を導出することである。その土台として，初めに最も基本的な変換効率を求めよう。本章で導出するのは，「最も単純で理想的な太陽電池のエネルギー変換効率」であり，理論効率曲線 $u(\nu_g, T_s)$ は，本章以降に登場する各種変換効率曲線の"根底"となる重要な関係式である。

$u(\nu_g, T_s)$ について理解を深められるように，その数式的な導出に加えて，視覚的アプローチ，つまり"図で解く"効率曲線の説明を並行して行った。この視覚的アプローチにより，数式を解かなくても，感覚的に太陽電池の理想的な変換効率がどのくらいになるのか"見積り算"ができるようになるだろう。

本章では，まず太陽電池の変換効率の定義について説明し，半導体のバンドギャップによる変換効率の損失について述べ，最後に理想的な太陽電池のエネルギー変換効率を導出した。

3.1 太陽電池の変換効率

「太陽電池に入射した光をどのくらい電気のエネルギーに変換できたか」を表す指標が**変換効率**である。太陽電池の変換効率は，入射光のエネルギーを分母に，太陽電池から得られる電力を分子にとった値（割合）として表される。

$$変換効率〔\%〕= \frac{発電電力〔W〕}{入射光エネルギー〔W〕} \times 100 \qquad (3.1)$$

例えば，太陽電池へ入射してきた光のエネルギーが100 Wのときに，太陽電池で発電したエネルギーが30 Wならば，変換効率は30%となる．入射光のエネルギー100 Wに対して，太陽電池の発電電力が100 Wとなるのであれば，最も理想的である．しかし，変換効率が100%となるような太陽電池は理論的にあり得ない．太陽電池が発電するときに，いろいろな制限がかかり，どうしても利用できないエネルギーが存在してしまうからだ（この制限については3.3節で述べる）．

太陽電池が入射光エネルギーを利用できない例として，入射光が太陽電池の表面で反射してしまう**反射損失**（reflectance loss）がある．表面で光を反射すると，太陽電池内部の半導体原子で吸収できる光のエネルギー量が反射した分だけ減少し，損失になる．しかしながら，反射損失は太陽電池表面に光の反射を軽減させる膜（反射防止膜）を付けることで，ある程度対処できる．

しかし，損失の中には，どうあがいても避けられないものがある．必ず生じてしまう損失を考慮した，理想的な太陽電池の最大効率を**変換効率の理論限界**または**理論限界効率**と呼ぶ．この変換効率の理論限界を指標として実際に作製した太陽電池を評価することができる．反射損失の対策として反射防止膜を講じるように，工夫によりある程度でも回避可能な損失は，理論限界効率では考慮せず，損失0として扱う．理論限界は仮定した条件内で最も理想的な太陽電池を想定している．

それでは，ここで考える"避けられない損失"とは何だろうか．本章で説明する理論効率曲線$u(\nu_g, T_s)$において，考慮する損失は**透過損**と**熱損失**の二つである．これら二つの損失に関する詳しい説明は3.3節で述べる．簡単に説明すると，透過損とは入射した光が半導体に吸収されずにそのまま通過していく損失であり，熱損失とは半導体に入射光のうちで過剰分のエネルギーが半導体内で熱として浪費されてしまう損失である．透過損と熱損失は，太陽電池の材料を選ぶ際にトレードオフの関係になる．

透過損が少なくなる材料を選ぶと，熱損失が多くなる．熱損失が少なくなる材料を選ぶと，透過損が多くなる．このようなシーソーのような関係が両者の

間にある。このトレードオフの関係のために、透過損と熱損失は、同時に抑えることができない。つまり、これら二つの損失のペアは"避けられない損失"なのである。

この二つの損失のみを考慮した理論効率曲線 $u(\nu_g, T_s)$ は、入射した太陽光スペクトルに対する透過損と熱損失のバランスを表した曲線である。

太陽電池にはさまざまな種類があるが、本章以降5章までで導出するのは、単接合型太陽電池（図1.8のようにp型とn型の2種類の半導体層を接合させた構造の太陽電池）における変換効率の理論限界である。この理論限界を利用すれば、単接合太陽電池に用いる半導体材料をただやみくもに選ぶのではなく、ある程度の見当をつけて選定することができる。

先に結論を述べると、単接合太陽電池における変換効率の理論限界は30％程度であり、実際の単接合太陽電池の変換効率はそれよりも低い値となる。もちろん、太陽電池には単接合太陽電池のほかにもいろいろな構造が研究・開発されており、それぞれの太陽電池について理論変換効率が異なるので、太陽電池そのものの理論限界効率が30％ということではない。いろいろな構造の太陽電池エネルギー変換効率については6章で述べる。

新構造をもつ太陽電池が数多く研究・開発される中で、単接合太陽電池は最も基本的な太陽電池と位置付けられる（化学電池でいえば、ボルタ電池に相当するだろう）。そして、単接合太陽電池の効率曲線を導き出すためにまず基本となるのが、この理論効率曲線 $u(\nu_g, T_s)$ なのである。したがって、理論効率曲線 $u(\nu_g, T_s)$ のイメージさえついていれば、ほかのさまざまな太陽電池変換効率への応用が可能となる。

3.2 半導体のバンドギャップ

1章において、太陽電池の発電原理を説明した際の保留事項を一つ、ここで解決する必要がある。図1.9で、半導体原子に光が入射したときの電子や正孔の光励起について説明する際に、半導体原子の共有電子を励起させるために

3. 完全理想モデルの太陽電池変換効率

は"十分なエネルギーを持つ光"が必要であると述べたが，どの程度のエネルギーが十分といえるのかを説明しなかった。本節では，3.1 節でも触れた，避けられない二つの損失（透過損と熱損失）を説明するために，太陽電池を構成する半導体が利用できるエネルギーについて言及する。

エネルギーについて言及するために，これ以降は図 1.10 などで用いた空間的な座標軸（x 軸，y 軸）の pn 接合の図へ，新たにエネルギー軸（E 軸）を加えたものを用いる。

図 3.1 に pn 接合の三次元的な図（3 軸表示）を示す。三つの軸 x, y, E はそれぞれ pn 接合半導体の接合面に垂直な方向，接合面に平行な方向，エネルギーを表している。**図 3.2** に示した xy 軸表示は，図 1.10 などで説明した pn 接合の図と同じであり，実際に目にするような平面座標を表している。

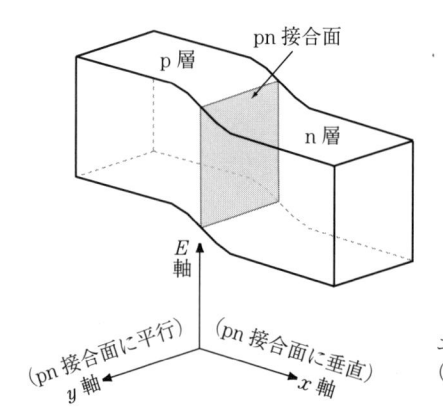

図 3.1 新しく導入した pn 接合の 3 軸表示

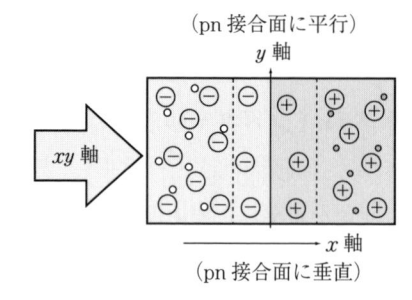

図 3.2 pn 接合の xy 軸表示

3.2 半導体のバンドギャップ

新たにエネルギーの概念を加えた部分が，図3.3の xE 軸表示である。網かけした部分は，電子が存在できるエネルギー領域（**許容バンド**，allowed band）を示している。また，灰色と灰色の間の白色部分は，電子が存在できないエネルギー領域（**禁制バンド**，forbidden band）を示している。E 軸の上方ほど，電子の持つエネルギーが高い。

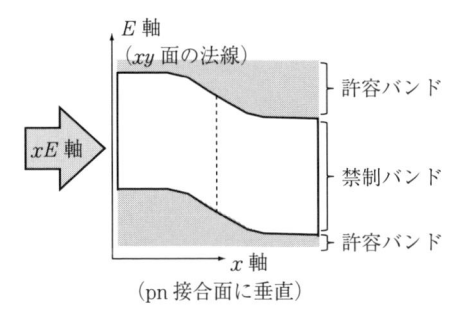

図3.3 pn接合の xE 軸表示

縦軸がエネルギー E，横軸が空間座標 x である。

さて，図3.3で表したエネルギー軸についてもう少し詳しく見ていこう。**図3.4**は，図3.3のエネルギー軸に注目した図である。半導体原子どうしを引き付け，結合させている共有電子は，最も小さいエネルギーを持って安定した状態にある。図はドナーやアクセプタを含まない真性半導体のバンド図である。E_f は半導体のフェルミエネルギー（Fermi energy）を表している。この図に示すように半導体中の電子はフェルミ準位よりも下側の許容バンド（**価電子バンド**（valence band）という）を満たしている。フェルミ準位よりも上側の許容バンドは，**伝導バンド**（conduction band）といい，平衡状態では電子は

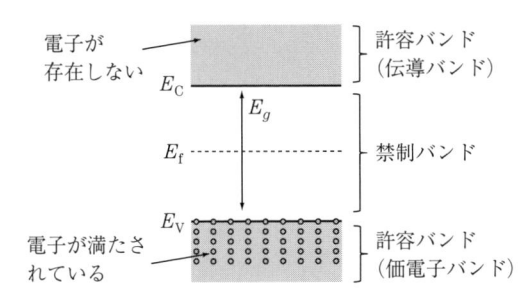

図3.4 平衡状態では価電子バンドに共有電子が満たされている

存在せず,空きの状態である。xE 面中の下線 E_V は価電子バンドの上端を表しており,E_C は伝導バンドの下端を表している。E_V と E_C の差,つまり,禁制バンド分の幅を**バンドギャップエネルギー**(bandgap energy)†といい,E_g で表す。

ここで,半導体内部に,不純物として電子を供給するドナーが添加された場合にどのように変化するか見てみよう。図 1.8 に示したように,ドナーを添加すると,そこから余剰電子が生じる。図 3.4 では,価電子バンドにはすでに電子が満たされており,ドナーから生じた余剰電子が価電子バンドに入る隙間はない。そこで,余剰電子は上側の許容バンド(伝導バンドという)に配置される(**図 3.5**(a))。また,不純物としてアクセプタが添加された場合,共有結合内の電子に空きが生じ,その電子の空きが正孔として扱われるので,正孔は価電子バンドに配置される(図 3.5(b))。

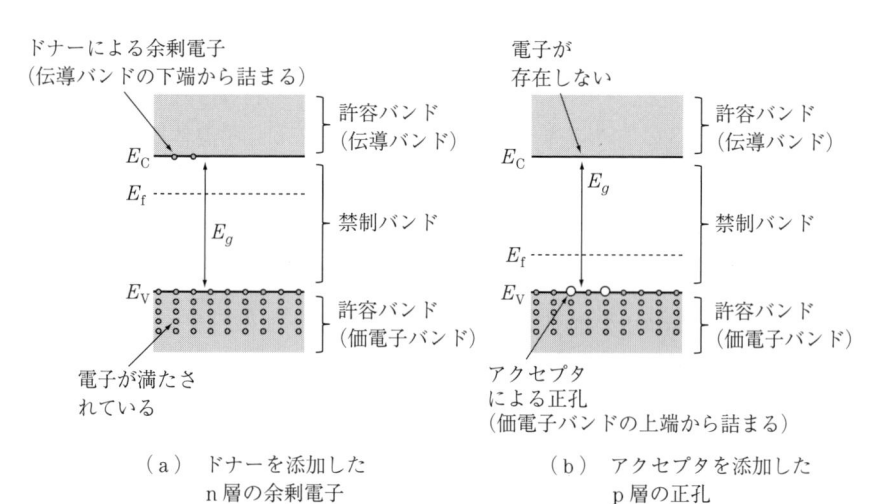

(a) ドナーを添加した n 層の余剰電子

(b) アクセプタを添加した p 層の正孔

図 3.5 不純物に起因する電子と正孔のエネルギー

余剰電子にとっては,有するエネルギーが小さいほど安定なので,空きがある限り,伝導バンドの下端の状態から詰まっていく。正孔の場合は,より高い

---

† バンドギャップエネルギーを以降では単に**バンドギャップ**と呼ぶことにする。

エネルギーを持つ電子がなくなるほうが安定なので，価電子バンドの上端の状態から詰まっていく。

つぎに，図1.9で説明した電子・正孔の光励起現象を，エネルギー軸を導入した**図3.6**で説明しよう。半導体のバンドギャップE_gよりも大きなエネルギー（E_{photon}とする）の光が，その半導体結晶に入射すると，半導体結晶中の共有電子が光のエネルギーを受け取る。価電子バンドに存在する共有電子は，エネルギーE_{photon}だけエネルギーが増えるので，電子のエネルギーは禁制バンドを飛び越えて伝導バンドのレベルに上がり，電子は共有の軌道から外れて自由に動き回れるようになる（**電子の励起**）。共有電子がなくなった価電子バンド中の"抜けた孔"部分は正孔となる（**正孔の励起**）。

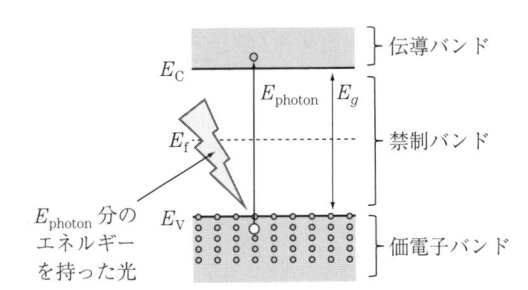

図3.6 光励起に起因する電子と正孔のエネルギー

励起された電子と正孔は，エネルギー軸（xE面上）で見ると異なる座標に存在する。しかしながら，xy座標（つまり，現実の空間的な位置）上では，電子と正孔は励起時には同じ座標に存在することに注意する。

3.3 バンドギャップに起因する透過損と熱損失

3.2節では，半導体にバンドギャップの概念を導入した。図3.6でも説明したように，バンドギャップであるE_gよりも大きなエネルギーE_{photon}を持つフォトンが入射すると，価電子バンドの中の電子が励起されて伝導バンドに上がる。本節では，このE_{photon}がE_gと比べて小さい場合や，大きい場合にどのようなことが起こるかを説明する。

〔1〕 $E_{photon} < E_g$ の場合

E_g よりも小さいエネルギー E_{photon} を持つフォトンがその半導体に入射する**図 3.7** の場合を考える。価電子バンド頂上の電子が励起されて，エネルギー E_{photon} だけ電子のエネルギーが増えても，励起された電子のエネルギーレベルはまだ禁制バンド内にある。このように，行き先（終状態）がない遷移は起こらない。

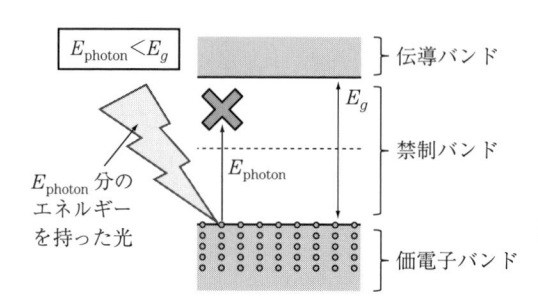

図 3.7 バンドギャップに起因する透過損の概念図

受け取られなかった光エネルギー E_{photon} は，半導体に吸収されることなく，そのまま透過していく。つまり，半導体における電子と正孔の光励起には，半導体のバンドギャップ E_g よりも小さいエネルギーを利用できない。この利用できなかったエネルギーを**透過損**（transmisson loss）という。

〔2〕 $E_{photon} \geqq E_g$ の場合

つぎに，入射光のエネルギー E_{photon} が E_g 以上の**図 3.8** の場合には，エネルギーを受け取った共有電子は，励起されたのち，伝導バンドの下端よりも高いエネルギーを持つ位置にたどり着く。このとき，伝導バンド中で，励起された

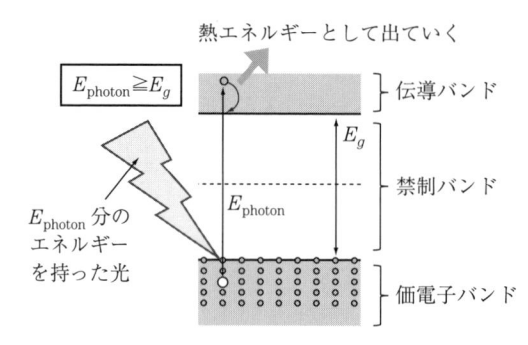

図 3.8 バンドギャップと熱緩和時間に起因する熱損失の概念図

電子が存在する位置よりも低いエネルギー領域に，電子が存在できる状態が空いている．エネルギーが低いほうが，系の全エネルギーが小さくなり，安定である．

よって，励起電子は，最初にたどり着くエネルギー位置よりも安定できる低いエネルギー位置をめざして，熱エネルギー（フォノン）を放出しながら伝導バンドの下端まで降りてくる．この現象を**熱緩和**（thermal relaxation）という．また，励起電子が熱緩和を起こして，元々励起された場所から伝導バンドの下端へ降りるのに要した時間を**熱緩和時間**（thermal relaxation time）という．

熱緩和時間は，10^{-13} s 程度のオーダであり，これは励起電子が図 1.11 のように拡散して n 層側にたどり着き，電極から導線へ流れ出すまでの時間に比べ圧倒的に短い．したがって，せっかく E_g よりも大きい光エネルギー E_{photon} を受け取ったとしても，E_g との差分（$E_{photon} - E_g$）のエネルギーが熱エネルギーとして出ていってしまい，電気のエネルギーとして利用できない．これを**熱損失**（thermalization loss）という．

3.4　理想的な太陽電池の条件設定

本章の目標である理論効率曲線 $u(\nu_g, T_s)$ の導出のためには，理想的な太陽電池（以降，**理想太陽電池**と呼ぶ）のモデルを仮定する必要がある．ここでは，つぎに述べる3条件を持つ理想単接合太陽電池を考える．

条件①　バンドギャップ E_g 以上のエネルギー E_{photon} を持つフォトンはすべて，E_g 分の起電力（$E_{photon} > E_g$ の場合には熱損失となる）を持つ電子を生成し，E_g 以下のエネルギーを持つフォトンは何も生み出さない（透過損）．

この条件①より，入射フォトンから得た利用可能なエネルギーは一律 E_g となる．さらに，E_g 分のエネルギーをそのまま起電力として取り出せるので，太陽電池の出力電圧 V は，この条件下では E_g/q とみなされる．ここで，バンドギャップは eV という単位であり，分母の q は電子一つが持つ電荷 $q =$

1.602×10^{-19} C を表している。以上より，理想太陽電池が得る電圧は式 (3.2) となる。

$$V_g = \begin{cases} 0, & E_{\text{photon}} < E_g \\ E_g/q, & E_{\text{photon}} \geq E_g \end{cases} \quad (3.2)$$

条件②　E_g 以上のエネルギー E_{photon} を持つフォトンを一つ吸収すれば，半導体原子からは共有電子が必ず一つ励起され，電流として取り出すことが可能である。

フォトンの振動数と，太陽から放射され太陽電池に入射するフォトンの数との関係は，2.5 節の式 (2.9) に示した。式 (2.1) で示したように，フォトンの振動数とエネルギーは比例関係にある。入射光エネルギーが半導体のバンドギャップより大きいならば，入射するフォトンの振動数 ν も，バンドギャップに対応する振動数 $\nu_g = E_g/h$ より大きい。

また，条件① より，大きな振動数 ν を持つフォトンは必ず吸収される。さらに，この条件② により，吸収したフォトンの数だけ，電子が励起されて電流として取り出される。つまり，入射フォトン流量＝励起電子流量となる。また，電子流量に電子の電荷を乗算すると，電流密度 J が求められる。したがって，ある振動数 ν の光が入射した際に生じる電流密度は，式 (3.3) のようになる。

$$J(\nu) = \begin{cases} 0, & \nu < \nu_g \\ qG(\nu, T), & \nu \geq \nu_g \end{cases} \quad (3.3)$$

4 章以降に登場する「バンドギャップ以上の太陽光が電子‐正孔対を生成する確率 τ_s」で，$\tau_s = 1$ の場合が，入射フォトンが 100％ の確率で電子‐正孔対を生成することを示しており，この条件② に対応する。

条件③　太陽電池の温度を 0 K とする。

4 章以降では，太陽電池が有限の温度 T_c を持つ場合に生じる変換効率への制限を述べるが，本章で理論効率曲線 $u(\nu_g, T_s)$ を求める際には，太陽電池の温度を 0 K とし，エネルギーの損失になる太陽電池自身からの外部への輻射が 0 であると考える。

3条件ということは，これ以外のパラメータを一切考えないということである．つまり，太陽電池の表面で反射したり，太陽電池に接続する電極の状態だったり，あるいは光励起した電子をどれだけ効率よく電極で回収するかだったり，その他，諸々の損失を一切考えないということである．本章で登場する太陽電池は，入射した光はすべて吸収されるか透過するかであり，吸収で生じた電子はすべて電極で回収されて電気エネルギーになるという，理想太陽電池であることに注意してほしい．

3.5 太陽電池出力の三次元的表記

前節では，理論効率を導出するために理想太陽電池を決めた．本節では，この理想太陽電池に入射する太陽光の入力と，発電により得られる出力をイメージしやすくするために，新しく三次元のグラフを導入する．

まず，三次元グラフを考えるために，二つの二次元グラフを準備する．一つ目の二次元グラフは，式 (2.1) で説明した，フォトンの振動数とエネルギーの関係を表したグラフである．以下に，式 (2.1) を再度記し，この二次元グラフを**図 3.9** に示す．

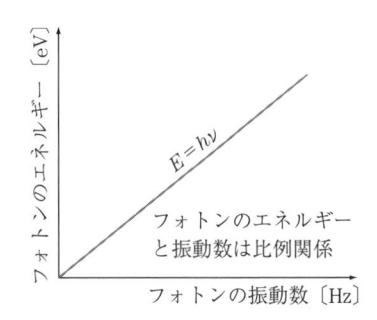

$$E = h\nu \tag{2.1}$$

図 3.9 式 (2.1) のフォトンのエネルギーと振動数の関係を表した二次元グラフ

図では，縦軸をフォトンのエネルギー，横軸をフォトンの振動数としている．プランク定数 h は定数なので，式 (2.1) より，フォトンのエネルギーと振動数は比例関係にある．

3. 完全理想モデルの太陽電池変換効率

二つ目は，式 (2.9) の関係式を表したグラフである。ここで，式 (2.9) を再度記そう。

$$G(\nu, T) \equiv \frac{2}{c^2} \cdot \frac{\nu^2}{\exp\left(\dfrac{h\nu}{kT}\right) - 1} \tag{2.9}$$

$G(\nu, T)$ は，温度 T の黒体の輻射光に含まれる振動数 ν のフォトンの流量を表している。ここで扱う黒体とは，太陽のことを指しており，2.3 節でも触れたように，黒体温度は太陽の表面温度 $T = 6\,000$ K とする。すると，変数がフォトンの振動数 ν のみとなるので，図 3.10 のように横軸をフォトンの振動数 ν，縦軸をフォトンの流量 $G(\nu, T)$ として，二次元グラフを描くことができる。

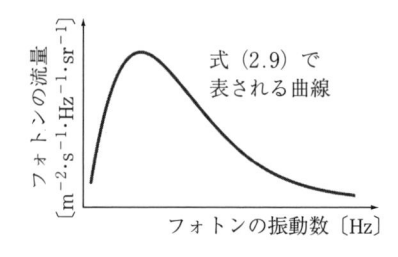

図 3.10 式 (2.9) において太陽光のフォトン振動数とフォトン流量の関係を表した二次元グラフ

図 3.9 は，2.1 節の図 2.1 で説明した，フォトンの波長 – エネルギー特性の横軸（フォトンの波長）を，式 (2.2) の波長と振動数の関係式を用いて，フォトンの振動数へ変換した図である。

$$\nu = \frac{c}{\lambda} \tag{2.2}$$

同様に，図 3.10 は，2.3 節の図 2.5 で説明した黒体輻射のグラフの横軸を，フォトンの波長からフォトンの振動数へ変換した図である。

図 2.1 や図 2.5 のように，フォトンの波長のままで説明してもかまわないのだが，4 章以降の計算のために，便宜上，波長を振動数へ変換した。図 3.9 と図 3.10 が共通の横軸（フォトンの振動数）を持つことに注意してほしい。

つぎに，これら二つの二次元グラフを合体させて，図 3.11 のように新しく三次元グラフをつくる。

単に図 3.9 と図 3.10 をくっつけただけのグラフではないか！と思われるか

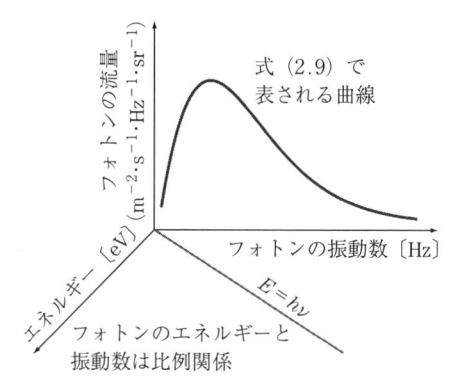

図3.11 図3.9と図3.10を合体させてできる太陽光のフォトン振動数－フォトン流量－フォトンエネルギーを表した三次元グラフ

もしれない。そのとおりである。しかしながら，次節ではこの三次元グラフを元にして，立体的に太陽電池の出力や損失を考えていくので，この三次元グラフをきっちりと頭に入れておいてほしい。

3.6 完全理想モデルの太陽電池変換効率曲線導出

前節で，三次元グラフの準備も済んだ。それではいよいよ，本章のゴールとなる理論効率曲線を"図で解く"。まず，太陽電池への入力となる「太陽から入射する強度（パワー）P_{in}」を求めよう。

完全理想モデルでは，太陽から放出された光がすべて太陽電池に入射する，すなわち最大集光時の変換効率について考えていることを覚えておいてほしい。実際には，太陽から放たれた光の一部分しか地球に届かず，その中の一部分しか太陽電池表面に入射しない。集光をしない条件下での変換効率は，4章以降で求める。

P_{in} は太陽からの黒体輻射光によるものである。振動数 ν の光のエネルギーは，フォトンが一つならば，式（2.1）から $h\nu$ である。太陽光の中には図3.10に示すとおり，振動数 ν のフォトンが複数個含まれている。いくつ含まれているかは式（2.9）の黒体輻射の式で求められる。したがって，太陽光に含まれる振動数 ν のフォトンのエネルギー合計は，式（2.9）× $h\nu$（つまり，$G(\nu, T)$

×hν)で求められる．太陽光は図2.2のプリズムの図で説明したように，さまざまな振動数のフォトンが含まれているので，太陽光からの入力 P_{in} は，上記の単色光のパワーを全振動数領域で積分した値となり，式（3.4）で表される．

$$P_{in} = \int_0^\infty G(\nu, T) \times h\nu d\nu \tag{3.4}$$

つぎに，式（3.4）の積分の式を，3.5節で組み立てた三次元グラフを用いて順に説明していこう．式（3.4）の積分の中身，ある単色光のパワー $G(\nu, T) \times h\nu$ を3.5節の三次元グラフへ当てはめると，**図3.12**に示した長方形の面積となる．

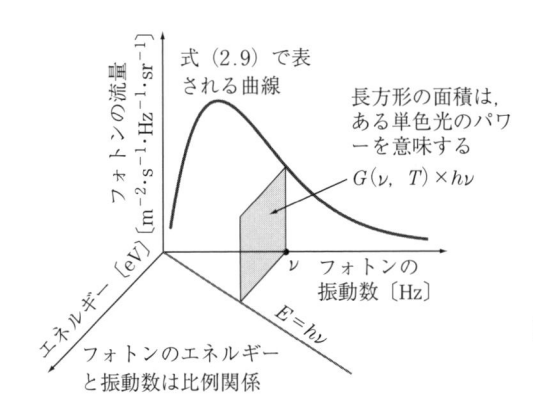

図3.12 ある振動数 ν における太陽光のパワー $G(\nu, T) \times h\nu$

この長方形の面積は，ある振動数 ν（つまり，ある単色光のみを取り出した場合）における太陽光のパワーを示している．式（3.4）は振動数が0から無限大の領域で積分を行っているので，これも図に示しておこう．すべての振動数に対して，長方形の面積を求めて，それらを加え合わせると，太陽から入射するパワー P_{in} となる（**図3.13**）．

つぎに「バンドギャップ E_g の材料でつくられた単接合理想太陽電池からの出力」を求める．電池からの出力電力密度は，出力電圧×出力電流密度により求められる．3.4節の条件 ① により式（3.2）で示される理想太陽電池の出力電圧と，条件 ② により式（3.3）で示される理想太陽電池の出力電流密度を乗算すると，出力電力密度は式（3.5）のようになる．

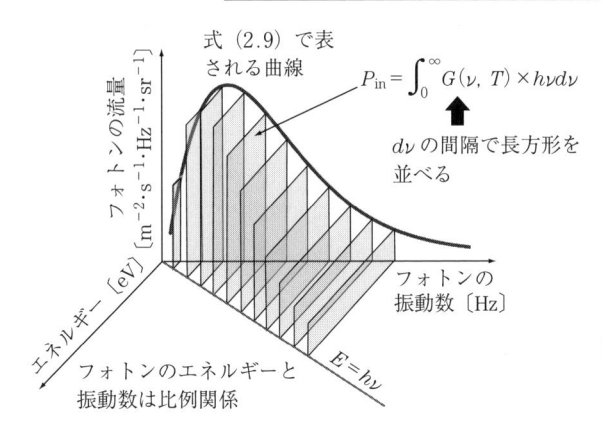

3.6 完全理想モデルの太陽電池変換効率曲線導出

図 3.13 太陽から入射するパワー P_{in}

$$P_{\text{out}}(\nu_g) = \int_0^\infty J(\nu) \times V(\nu)\, d\nu$$

$$= \begin{cases} 0, & \nu < \nu_g \\ \int_{\nu_g}^\infty G(\nu, T) \times h\nu_g\, d\nu, & \nu \geqq \nu_g \end{cases} \tag{3.5}$$

式 (3.5) より，理想太陽電池からの出力は，振動数 ν_g 以上の範囲における $G(\nu, T)$ の面積にバンドギャップ $E_g(=h\nu_g)$ を乗算した値となる。これらの計算を図で表すと，**図 3.14** のようになる。

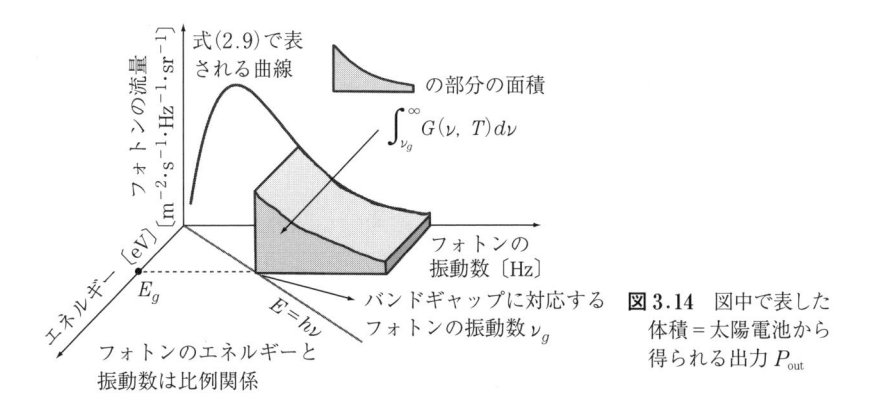

図 3.14 図中で表した体積＝太陽電池から得られる出力 P_{out}

以上で求めた P_{in} と $P_{\text{out}}(\nu_g)$ を用いて，式 (3.6) のように除算を行うと，理論効率曲線 $u(\nu_g, T_s)$ が求められる。

$$u(\nu_g, T_s) = \frac{P_{\text{out}}(\nu_g)}{P_{\text{in}}} \times 100 \tag{3.6}$$

ここでは，太陽の温度 T_s を 6 000 K として計算したので，効率曲線はバンドギャップ E_g に対応するフォトンの振動数 ν_g の関数で表される．

また，E_g と ν_g は，$\nu_g = E_g/h$ から，プランク定数 h を用いて簡単に変換することができるので，式 (3.6) は式 (3.7) のようにバンドギャップ E_g の関数としても表される．

$$u(E_g, T_s) = \frac{P_{\text{out}}(h\nu_g)}{P_{\text{in}}} \times 100 \tag{3.7}$$

式 (3.7) を計算すると，**図 3.15** のような効率曲線 $u(\nu_g, T_s)$ が描ける．変換効率が最大になる点は，バンドギャップが 1.12 eV のときで，理論限界効率は 44.3% となる．

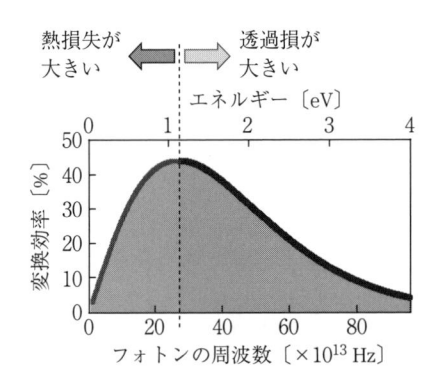

図 3.15 効率曲線 $u(\nu_g, T_s)$

理想太陽電池でも，理論限界効率が 50% 以下になってしまうという結果になった．変換効率が減ってしまう原因が透過損と熱損失にあるということは 3.3 節で述べた．3.5 節から導入した三次元グラフを用いると，透過損と熱損失の可視化が可能となる．この可視化により，バンドギャップ E_g が与えられている場合に，透過損および熱損失がどの程度の大きさになるのかを即座に見積もることができるので，この手法を覚えておきたい．

利用されなかったエネルギー領域を領域 ①，領域 ② と名付け，それぞれ**図 3.16**，**図 3.17** に描いた．図 3.16 の領域 ① で表された体積はバンドギャップ

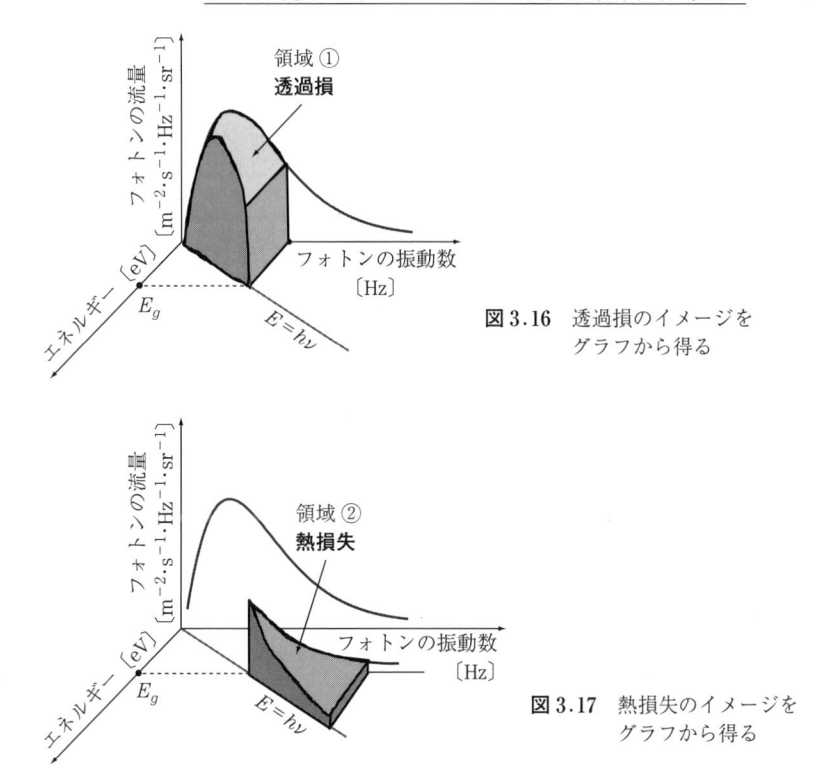

図3.16 透過損のイメージをグラフから得る

図3.17 熱損失のイメージをグラフから得る

E_g よりも小さいエネルギーを持つフォトンの領域であり，透過損に対応する．図3.17の領域②で表された体積は，バンドギャップ E_g よりも大きいエネルギーを持つフォトンの領域であり，熱損失に対応する．この領域のフォトンは，一度は半導体に吸収されるが，利用されるエネルギーは E_g までで，それ以上のエネルギーは熱エネルギーとなってしまい，電気のエネルギーとして利用できない．図3.16や図3.17のように，透過損や熱損失を図にして表すことで，太陽電池の効率に関する定性的なイメージができるようになれば，本章以降に登場する各種の効率曲線の導出が理解しやすくなるだろう．

4. キャリヤの生成と再結合が太陽電池の変換効率に及ぼす影響

はじめに 前章で理想太陽電池のエネルギー変換効率は求めることができた。しかし，実際の半導体 pn 接合を利用した太陽電池では，ダイオードの電圧と電流の関係により，3.4節で起電力＝バンドギャップとした先の前提は早々に崩れる。

本章では，実際に太陽電池自身が温度を持つ場合の変換効率を考察していく。太陽電池が有限の温度を持つがゆえの損失を含めたうえで，電流－電圧の関係式を求めていき，開放電圧と短絡電流を導出する。

4.1　太陽電池の入力

理想太陽電池では太陽電池自体の温度を 0 K としたが，現実の地球上に置かれた太陽電池は有限の温度を持っている。太陽電池の温度を T_c とする。太陽電池の温度が有限となることでどのような影響があるのかを見るために，面積 1 m^2 の平板太陽電池を考える。この平板の太陽電池は太陽光に対して正対させたものである。これは，単位時間当りに入射してくるフォトン数を最大にするためである。太陽電池と太陽との関係を**図 4.1** に示す。

太陽光による黒体輻射は全方向に等方的に放射されるため，実際に地球に届くフォトン流量は，太陽の直径 D と太陽と地球との距離 L によって決まる立体角によって示される。ただし，図は実際の D と L の相対的な長さの関係を正しく反映しているわけではない。太陽の直径 D は 1.39×10^9 m，太陽と地球

4.1 太陽電池の入力

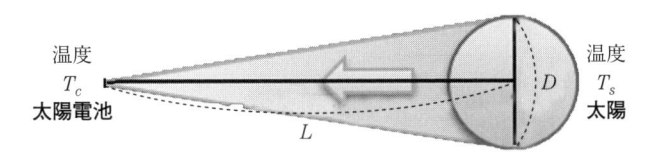

温度 T_c 太陽電池　　　　　　　　　　　温度 T_s 太陽

図4.1　太陽電池と太陽との関係

との距離 L は 149×10^9 m であるので，実際にはおよそ $D:L = 1:107$ となり，太陽が放射する全エネルギーに対して地球に届くエネルギーはほんのわずかである。これを数字で表すには立体角を用いる必要がある。

$D:L = 1:107$ のため錐面の面積 ΔA が太陽の半径によって作られる円の面積とほぼ同じとみなされ，地球から見た太陽の立体角 ω は式（2.6）の定義により

$$\omega \fallingdotseq \frac{\pi \left(\frac{D}{2}\right)^2}{L^2}$$

$$= \pi \times 2.18 \times 10^{-5} \; [\mathrm{sr}] \tag{4.1}$$

のようになる。

よって，単位時間当りの太陽の黒体輻射による電子−正孔対の生成数 F_s は

$$F_s = (単位面積に，単位時間当り，ある単位立体角の方向から入ってくる温度 T_s の黒体輻射スペクトルの中で吸収できる光子の数) \times (地球から見た太陽の立体角) \tag{4.2}$$

となる。

ここで，「単位面積に，単位時間当り，ある単位立体角の方向から入ってくる温度 T_s の黒体輻射スペクトルの中で吸収できる光子の数」は式（3.5）より，光子のエネルギーで割算した式（4.3）で与えられる。

$$P_{\mathrm{flux}}(\nu_g, T_s) \equiv \int_{\nu_g}^{\infty} \frac{2}{c^2} \cdot \frac{\nu^2}{\exp\left(\frac{h\nu}{kT_s}\right) - 1} d\nu \tag{4.3}$$

地球から見た太陽の立体角は式（4.1）で表されるので，式（4.3）より，単位時間当りの太陽の黒体輻射による電子−正孔対の生成数 F_s は式（4.4）で表される。

$$F_s = P_{\text{flux}}(\nu_g, T_s) \times \pi \times 2.18 \times 10^{-5}$$
$$= P_{\text{flux}}(\nu_g, T_s) \times \pi \times f_\omega \quad (4.4)$$

ここで，$f_\omega \equiv 2.18 \times 10^{-5}$ を立体角による**幾何学的因子**（geometrical factor）と定義した．

つぎに，太陽電池自体の温度による影響を考える．太陽電池自体が有限の温度 T_c を持つということは太陽電池自体も黒体輻射をすることになる．一方で，太陽電池もエネルギーを放出するだけではなく，温度 T_c に保たれるためエネルギー保存則（energy conservation law）により周囲からの黒体輻射を吸収している．よって，太陽電池は有限の温度 T_c を持つということは，温度 T_c の黒体に囲まれているといえよう．

ここで，温度 T_c の黒体による輻射で生成される電子-正孔対を考える．このときの温度 T_c の黒体による輻射のうち，バンドギャップ以上のエネルギーを持つ光が半導体に入射して電子-正孔対を生成する確率 t_c は100％で，$t_c = 1$ とする．

いま，平板の太陽電池を考えており，表面と裏面に同様のことがいえるので，まず**図4.2**のように片面のみに入射する場合を考える．黒体輻射は半球の範囲から光速で太陽電池に入射してくる．このとき平板の太陽電池に対して法線方向から θ 傾いた入射光を考えると，平板に垂直な成分は $\cos\theta$ を掛けたもので表され，入射角が深くなって θ が大きくなれば，単位時間当りに入射してくるフォトン数は $\cos\theta$ に応じて減少する．よって，平板の太陽電池に対して，法線方向から θ 傾いて入射してくる太陽光によって単位時間当りに単位面

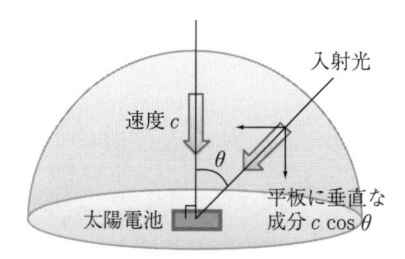

平板の太陽電池を考えているため，フォトン流量は光の入射方向に依存し，平板の太陽電池に対して法線方向から θ 傾いた入射光に対して，$\cos\theta$ の投影成分を持つことになる．

図4.2 太陽電池が有限の温度を持つために受ける黒体輻射

積の太陽電池で吸収できるフォトン数は，式（4.5）で表される。

$$P_{\text{flux}}(\nu_g, T_c) \times \cos\theta \tag{4.5}$$

これを半球の範囲で積分すると

$$\int P_{\text{flux}}(\nu_g, T_c) \times \cos\theta \, d\Omega \tag{4.6}$$

になる。

ここで，微小立体角成分 $d\Omega$ を求める。球座標系を用いると球面の微小面積 dA は

$$dA = r^2 \sin\theta \, d\phi \, d\theta \tag{4.7}$$

で表される。

いま，立体角の持つ意味を考えると，2.4節で述べたように立体角は r^2 で除算した球の表面積の割合であるので，微小立体角 $d\Omega$ は式（4.8）のように表される。

$$d\Omega = \sin\theta \, d\phi \, d\theta \tag{4.8}$$

以上から半球の範囲（$0 \leq \theta \leq \pi/2, 0 \leq \phi \leq 2\pi$）から入射する温度 T_c の黒体輻射による電子－正孔対の生成数を計算すると

$$\begin{aligned}
&\int_0^{2\pi}\int_0^{\frac{\pi}{2}} P_{\text{flux}}(\nu_g, T_c) \times \cos\theta \sin\theta \, d\theta \, d\phi \\
&= P_{\text{flux}}(\nu_g, T_c) \int_0^{2\pi} d\phi \int_0^{\frac{\pi}{2}} \frac{1}{2}\sin 2\theta \, d\theta \\
&= P_{\text{flux}}(\nu_g, T_c) \times \pi
\end{aligned} \tag{4.9}$$

となる。

表面だけ考えた式（4.9）に裏面で生じる同様の結果を足し合わせて，生成される電子－正孔対の数は単純に2倍となる。よって，単位時間当りに太陽電池自体の温度 T_c による電子－正孔対の生成数 F_{c0} は

$$F_{c0} = P_{\text{flux}}(\nu_g, T_c) \times 2\pi \tag{4.10}$$

で表される。

4.2 電流 – 電圧の関係

太陽電池の定常状態における電流 – 電圧の関係を考えよう。太陽電池から電流として取り出される電子の数を考えるうえで四つの数字をつねに意識しなければならない。それは，太陽光による電子 – 正孔対の生成数，電子 – 正孔対の輻射再結合数，非輻射生成数，非輻射再結合数である。これらを順に説明していく。

〔1〕 **太陽光による電子 – 正孔対の生成数**

太陽光による電子 – 正孔対の生成数は前述したように，太陽からの黒体輻射による電子 – 正孔対の生成数 F_s である。

〔2〕 **電子 – 正孔対の輻射再結合数**

太陽電池に光を照射したとき，太陽電池内の半導体がその光を吸収することによって，価電子バンドには正孔，伝導バンドには電子が生成される。このように生成された電子と正孔は，熱平衡状態に戻ろうとするために，たがいに再結合しようとする。電子と正孔の再結合数は伝導バンド中の電子と価電子バンド中の正孔の密度が高ければ高いほど，電子と正孔は再結合数が増す。そこで

単位面積当りの輻射再結合数 $F_c \propto$ (電子密度) × (正孔密度)

とする。

光が照射されているような非平衡時の電子密度 n と正孔密度 p は，それぞれ式 (4.11)，(4.12) で表される。

$$n = n_i \exp\left(\frac{E_{fe} - E_i}{kT_c}\right) \tag{4.11}$$

$$p = n_i \exp\left(\frac{E_i - E_{fh}}{kT_c}\right) \tag{4.12}$$

これらの関係式は 8 章で導いてあるので参照されたい。ここで，E_{fe}，E_{fh} はそれぞれ電子と正孔の擬フェルミ準位であり，E_i は真性フェルミ準位，n_i は

4.2 電流 – 電圧の関係

真性キャリヤ密度，k はボルツマン定数，T_c は太陽電池の温度である。

これらの関係より，輻射再結合数 F_c は比例定数を α とすると

$$F_c(V) = \alpha \cdot np$$

$$= \alpha n_i^2 \cdot \exp\left(\frac{E_{fe} - E_{fh}}{kT_c}\right) \tag{4.13}$$

となる。F_c は $E_{fe} - E_{fh}$ の関数であることに注意が必要である。$E_{fe} - E_{fh}$ は太陽光が照射したときに発生する半導体中の誘起電圧 V に対応しており

$$qV = E_{fe} - E_{fh} \tag{4.14}$$

である。また

$$qV_c = kT_c \tag{4.15}$$

とすると，式 (4.13) の F_c は V の関数となり，式 (4.16) のように簡単に表すことができる。

$$F_c(V) = \alpha n_i^2 \cdot \exp\left(\frac{V}{V_c}\right) \tag{4.16}$$

熱平衡時の輻射再結合数 $F_c(V)$ を考えると，まず電子と正孔のフェルミ準位は同じであるので $V=0$ となる。また，熱平衡時は生成される電子 – 正孔対の生成数 F_{c0} と，再結合する電子 – 正孔対の数 $F_c(0)$ が等しくなるので，$F_c(0) = F_{c0}$ である。以上より

$$F_c(0) = \alpha n_i^2 = F_{c0} \tag{4.17}$$

となり，輻射再結合数 $F_c(V)$ は式 (4.18) のようになる。

$$F_c(V) = F_{c0} \exp\left(\frac{V}{V_c}\right) \tag{4.18}$$

〔3〕 **電子 – 正孔対の非輻射生成数と非輻射再結合数**

非輻射過程においても輻射過程の場合と同様に，電子と正孔の再結合数は伝導帯中の電子と価電子帯中の正孔の密度が高ければ高いほど，電子と正孔は再結合数が増すと考えられるので

単位面積当りの非輻射再結合数 $R \propto$ (電子密度) × (正孔密度)

とすると，非輻射再結合数 R も輻射再結合数 $F_c(V)$ と同様に V の関数となり

$$R(V) = R(0) \exp\left(\frac{V}{V_c}\right) \tag{4.19}$$

と求めることができる。ここで $R(0)$ は非輻射生成数である。

以上，〔1〕〜〔3〕をまとめると，電流を I として取り出せる電子の数は，太陽からの黒体輻射による電子 - 正孔対の生成数 F_s，太陽電池自体の温度 T_c による電子 - 正孔対の生成数 F_{c0}，非輻射生成数 $R(0)$ を足し合わせて，輻射再結合数 $F_c(V)$ と非輻射再結合数 $R(V)$ を減じたものであるので

$$\frac{I}{q} = F_s + F_{c0} - F_c(V) + R(0) - R(V) \tag{4.20}$$

となる。

あとは定常状態における電流電圧の関係式を導くために，上式を整理しておこう。

$$\begin{aligned}
&\frac{I}{q} = F_s + F_{c0} - F_c(V) + R(0) - R(V) \\
&\leftrightarrow I = q\{F_s + F_{c0} - F_c(V) + R(0) - R(V)\} \\
&\leftrightarrow I = q\left\{F_s + F_{c0} - F_{c0}\exp\left(\frac{V}{V_c}\right)\right. \\
&\qquad\left. + R(0) - R(0)\exp\left(\frac{V}{V_c}\right)\right\} \\
&\leftrightarrow I = qF_s + q\{F_{c0} + R(0)\}\left\{1 - \exp\left(\frac{V}{V_c}\right)\right\} \\
&\leftrightarrow I = qF_s + \frac{qF_{c0}}{f_c}\left\{1 - \exp\left(\frac{V}{V_c}\right)\right\}
\end{aligned} \tag{4.21}$$

ここで，f_c は電子 - 正孔対の生成における輻射生成の割合として

$$f_c = \frac{F_{c0}}{F_{c0} + R(0)} \tag{4.22}$$

と定義した。ところで，f_c は厳密には「輻射と非輻射による電子 - 正孔対の正味の生成数に対する輻射のみによる電子 - 正孔対の正味の生成数の比」を表すものであり，式 (4.23) のように定義される。

4.2 電流 – 電圧の関係

$$f_c = \frac{F_{c0} - F_c(V)}{F_{c0} - F_c(V) + R(0) - R(V)} \tag{4.23}$$

この右辺の分子は太陽電池自体の温度 T_c での輻射による電子 – 正孔対の正味の生成数を表し，右辺の分母は輻射と非輻射による電子 – 正孔対の正味の生成数を表している．式（4.23）に式（4.18）と式（4.19）を代入することで式（4.22）は簡単に導ける．

つぎに，ここで求めた f_c について詳しく検討を加え，太陽電池特性に及ぼす影響を考える．

初めに

太陽電池自体の輻射による電子 – 正孔対の正味の生成数

$$F_{c0} - F_c(V) = F_{c0}\left\{1 - \exp\left(\frac{V}{V_c}\right)\right\} < 0 \tag{4.24}$$

非輻射による電子 – 正孔対の正味の生成数

$$R(0) - R(V) = R(0)\left\{1 - \exp\left(\frac{V}{V_c}\right)\right\} < 0 \tag{4.25}$$

について考える．

この式における V は式（4.14）より，太陽電池から得られる最大電圧であるので $V>0$ であり，また，式（4.15）より $V_c>0$ なので $\exp(V/V_c)>1$ となる．そのため，{ } 内が負となり，式（4.24）と式（4.25）のような不等式が成り立ち，太陽電池自体の輻射による電子 – 正孔対の正味の生成数は輻射，非輻射においていずれも負になる．

ここで，なぜ正味の生成数が負になるのかを説明しておく．熱平衡時においては電子と正孔のフェルミ準位が同じになるので，$V=0$ であり，式（4.17）より $F_{c0}=F_c(0)$ となる．一方，太陽電池に光が照射され，熱平衡状態が崩れると，照射された光によって生成する電子 – 正孔対の数が増加し，電子と正孔のそれぞれの擬フェルミレベルがシフトして電位差 V が生じる．電子と正孔は熱平衡状態へ戻ろうとするため，再結合量が式（4.18）で表されるように増す．そのため，太陽電池自体の輻射による電子 – 正孔対の正味の生成数と非輻射による電子 – 正孔対の正味の生成数は負でなければならない．

ここで式 (4.21) の第 2 項

$$\frac{qF_{c0}}{f_c}\left\{1-\exp\left(\frac{V}{V_c}\right)\right\}$$

に注目する。上記より

$$\left\{1-\exp\left(\frac{V}{V_c}\right)\right\}<0$$

であるので

$$\frac{qF_{c0}}{f_c}\left\{1-\exp\left(\frac{V}{V_c}\right)\right\}<0$$

が成り立つ。f_c は 0 から 1 の変数なので，式 (4.21) の

$$I=qF_s+\frac{qF_{c0}}{f_c}\left\{1-\exp\left(\frac{V}{V_c}\right)\right\}$$

において，第 2 項の f_c の値が 1 のとき取り出せる電流が最大となる。そして f_c の値が 1 より小さくなるにつれて取り出せる電流は小さくなる。

　以下で，$f_c=1$ の場合と，$f_c<1$ の場合にどのような違いが存在するのか考える。

　初めに $f_c=1$ の場合を考えてみる。このようになるのは式 (4.22) より $R(0)=0$ なので，非輻射による電子-正孔対の生成はない。さらに，$R(V)=0$ となり，式 (4.19) より非輻射による再結合もない。よって，$f_c=1$ のとき，非輻射による再結合数を抑制することができるので，最も高い変換効率を得ることができる。これは理想的な場合である。

　一方，$f_c<1$ の場合を考えてみる。このとき非輻射生成数 $R(0)\neq 0$ である。そこで，$R(0)$ の値が変化した際の振舞いについても考えてみる。式 (4.22) の

$$f_c=\frac{F_{c0}}{F_{c0}+R(0)}$$

で，$R(0)$ が増加すると，式 (4.19) の

$$R(V)=R(0)\exp\left(\frac{V}{V_c}\right)$$

より非輻射再結合の増加を招くこととなる。よって，変換効率の減少につなが

る。$R(0)$ が増加すればするほど，つまり f_c が小さければ小さいほどこの変換効率の減少は増大する。

以上より，f_c の値は1に近いほど，非輻射による再結合損失が抑制され，変換効率が優れていることがわかる。このように変換効率を考えるうえで f_c の値は重要である。f_c の値を考慮したときの変換効率については5章で述べる。

4.3　短絡電流と開放電圧

式（4.21）より
$$I = qF_s + \frac{qF_{c0}}{f_c}\left\{1 - \exp\left(\frac{V}{V_c}\right)\right\}$$
であった。式（4.21）の第1項は，第2項において $V=0$ としたときの電流であるので，これを短絡電流とし
$$I_{sh} = qF_s \tag{4.26}$$
と表す。

開放電圧を求めるために，式（4.21）において $I=0$ とおくと
$$qF_s + \frac{qF_{c0}}{f_c}\left\{1 - \exp\left(\frac{V}{V_c}\right)\right\} = 0 \tag{4.27}$$
となる。これを V について解くことで開放電圧は
$$V_{op} = V_c \ln\left(\frac{f_c F_s}{F_{c0}} + 1\right) \tag{4.28}$$
として求めることができる。$F_s \gg F_{c0}$ より，式（4.28）の（　）内を
$$f_c \frac{F_s}{F_{c0}} + 1 \fallingdotseq f_c \frac{F_s}{F_{c0}}$$
とする。さらに，F_s に式（4.4），F_{c0} に式（4.10）を用いて，開放電圧 V_{op} を $P_{flux}(\nu_g, T_s)$ の関数にすると式（4.29）のようになる。
$$V_{op} = V_c \ln\left\{\left(f_c \frac{F_s}{F_{c0}}\right) + 1\right\}$$

$$\fallingdotseq V_c \ln\left\{f_c \frac{F_s}{F_{c0}}\right\}$$

$$= V_c \ln\left\{\frac{f_c f_\omega \pi P_{\text{flux}}(\nu_g, T_s)}{2\pi P_{\text{flux}}(\nu_g, T_c)}\right\} \tag{4.29}$$

ここで，$f \equiv f_c f_\omega / 2$ と定義すると式 (4.29) は

$$V_{\text{op}} = V_c \ln\left\{\frac{f\pi P_{\text{flux}}(\nu_g, T_s)}{\pi P_{\text{flux}}(\nu_g, T_c)}\right\} \tag{4.30}$$

となる。

つぎに，太陽光が照射されていないとき，すなわち太陽光による電子‐正孔対の生成数 $F_s = 0$ において取り出すことができる最大電流 I_0 を考える。太陽光が照射されていないので，生成する電子‐正孔対は太陽電池自体の輻射 F_{c0} と非輻射 $R(0)$ によるもののみである。輻射と非輻射の電子‐正孔対の再結合を無視すると，$F_c(V) = 0$，$R(V) = 0$ なので，最大電流 I_0 は式 (4.31) のように定義できる。

$$I_0 \equiv q\{F_{c0} + R(0)\} \tag{4.31}$$

これと式 (4.22) の電子‐正孔対の生成における輻射生成の割合 f_c を定義した式を用いると式 (4.21) における第2項は

$$\frac{qF_{c0}}{f_c}\left\{1 - \exp\left(\frac{V}{V_c}\right)\right\} = \frac{qF_{c0}}{\dfrac{F_{c0}}{F_{c0} + R(0)}}\left\{1 - \exp\left(\frac{V}{V_c}\right)\right\}$$

$$= I_0\left\{1 - \exp\left(\frac{V}{V_c}\right)\right\} \tag{4.32}$$

となる。

短絡電流を表した式 (4.26) と式 (4.32) より，太陽電池から取り出せる電流 I の式 (4.21) は最終的に式 (4.33) のように表される。

$$I = qF_s + \frac{qF_{c0}}{f_c}\left\{1 - \exp\left(\frac{V}{V_c}\right)\right\}$$

$$= I_{\text{sh}} + I_0\left\{1 - \exp\left(\frac{V}{V_c}\right)\right\} \tag{4.33}$$

3章で述べたように，太陽電池の温度 T_c が 0 K のときは開放電圧 V_{op} が V_g と等しくなる．しかしながら，実際の太陽電池では温度 T_c が有限の値を持つため，開放電圧 V_{op} は V_g より必ず小さくなる．

では，有限の T_c によって開放電圧 V_{op} がどのように変化するのか明らかにしていこう．まず，計算を行う前に以降の計算を簡単にする x_g, x_c を式 (4.34)，(4.35) のように定義しておく．

$$x_g = \frac{h\nu_g}{kT_s}$$

$$= \frac{E_g}{kT_s} \tag{4.34}$$

$$x_c = \frac{T_c}{T_s} \tag{4.35}$$

$P_{\mathrm{flux}}(\nu_g, T_s)$ を表した式 (4.3) で，$x = h\nu/kT_s$ とおくと

$$P_{\mathrm{flux}}(\nu_g, T_s) \equiv \frac{2(kT_s)^3}{h^3 c^2} \int_{x_g}^{\infty} \frac{x^2}{\exp(x) - 1} dx \tag{4.36}$$

となる．

同様に $P_{\mathrm{flux}}(\nu_g, T_c)$ は

$$P_{\mathrm{flux}}(\nu_g, T_c) \equiv \frac{2(kT_c)^3}{h^3 c^2} \int_{x_g/x_c}^{\infty} \frac{x^2}{\exp(x) - 1} dx \tag{4.37}$$

と変形することができる．

これらの $P_{\mathrm{flux}}(\nu_g, T_s)$ と $P_{\mathrm{flux}}(\nu_g, T_c)$ の 2 式より，式 (4.30) は

$$V_{\mathrm{op}} = V_c \ln \frac{f\pi P_{\mathrm{flux}}(\nu_g, T_s)}{\pi P_{\mathrm{flux}}(\nu_g, T_c)}$$

$$= V_c \ln \frac{f x_c^{-3} \int_{x_g}^{\infty} \frac{x^2}{\exp(x) - 1} dx}{\int_{x_g/x_c}^{\infty} \frac{x^2}{\exp(x) - 1} dx} \tag{4.38}$$

となる．これより V_{op} は x_g, x_c, f の値に依存することがわかる．太陽電池の温度 T_c における開放電圧と V_g の比 $\nu = V_{\mathrm{op}}/V_g$ を考えると

$$\nu(x_g, x_c, f) \equiv \frac{V_{\mathrm{op}}}{V_g}$$

$$= \frac{x_c}{x_g} \ln \frac{fx_c^{-3} \int_{x_g}^{\infty} \frac{x^2}{\exp(x)-1} dx}{\int_{x_g/x_c}^{\infty} \frac{x^2}{\exp(x)-1} dx} \tag{4.39}$$

となり，ν も式 (4.38) の V_{op} と同様に x_g, x_c, f の値に依存する。すなわち $\nu(x_g, x_c, f)$ と表される。この $\nu(x_g, x_c, f)$ は，5章で理想太陽電池の変換効率を補正する際に参入する重要なパラメータである。

5. 詳細平衡モデルによる太陽電池変換効率

はじめに　前章では理想太陽電池では考慮していない実際の太陽電池の持つ条件について議論した。しかし，実際の太陽電池における最大電力を導出するには，電圧と電流の平衡状態について議論する必要がある。

そこで本章では，前章で求めた開放電圧，短絡電流と電流 – 電圧の関係式を用い，電圧，電流の平衡状態を考慮することで実際の太陽電池の変換効率を導出する。

5.1 非詳細平衡時の変換効率

まず前段階として，電流 – 電圧特性における最大出力となる太陽電池の動作点におけるキャリヤの生成と再結合の平衡状態を考えない，いわゆる非詳細平衡時の変換効率（nominal efficiency）について考える。ここでは，外部に取り出せる電圧と電流を開放電圧 V_{op}，短絡電流 I_{sh} に等しいと仮定する。すなわち，電流 – 電圧曲線を無視する（最大出力を考慮しない）ということである。

非詳細平衡時の太陽電池のエネルギー変換効率 η_{nom} は立体角を考慮した入射光強度を P_{inc} とすると

$$\eta_{nom} = \frac{V_{op} I_{sh}}{P_{inc}} \tag{5.1}$$

となる。

このときの電流 – 電圧特性は**図 5.1** のようになるが，実際には後で説明する

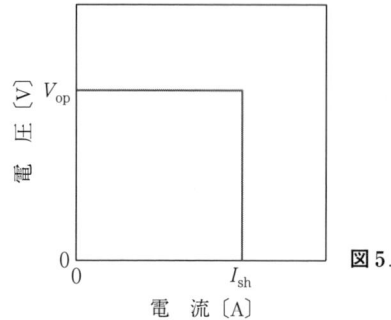

図5.1 非詳細平衡時の電流 - 電圧特性

図5.5に示すように特性曲線のコーナで曲線を描いており，エネルギー変換効率も当然変わる。このような詳細な取り扱いは5.2節で取り挙げる。ここでは，図5.1のような方形的な電流 - 電圧特性が得られると仮定する。

式 (5.1) は具体的にどのような値をとるのだろうか。じつは，結論から述べると，非詳細平衡時の変換効率 η_{nom} は理想太陽電池の変換効率 $u(\nu_g, T_s)$ と V_{op}/V_g $(=\nu(x_g, x_c, f))$ を掛けた簡単な式で表すことができる。

実際に計算してみよう。まず，4章で求めた $P_{\mathrm{flux}}(\nu_g, T_s)$ を用いると理想太陽電池の変換効率は

$$u(\nu_g, T_s) = \frac{P_{\mathrm{out}}(\nu_g)}{P_{\mathrm{in}}}$$
$$= \frac{\pi h \nu_g P_{\mathrm{flux}}(\nu_g, T_s)}{P_{\mathrm{in}}} \tag{5.2}$$

となる。

これを用いると太陽電池に入射する太陽光の強度 P_{inc} は

$$P_{\mathrm{inc}} = f_\omega P_{\mathrm{in}}$$
$$= \pi h \nu_g f_\omega \frac{P_{\mathrm{flux}}(\nu_g, T_s)}{u(\nu_g, T_s)} \tag{5.3}$$

と表すことができる。

よって，式 (4.4) の太陽光の黒体輻射による電子 - 正孔対の生成数 F_s を式 (4.26) の短絡電流 I_{sh} の式に代入し，さらに式 (5.3) の P_{inc} も式 (5.1) に代入すると

5.1 非詳細平衡時の変換効率

$$\eta_{\text{nom}} = \frac{V_{\text{op}} I_{\text{sh}}}{P_{\text{inc}}}$$

$$= \frac{V_{\text{op}} q f_\omega \pi P_{\text{flux}}(\nu_g, T_s)}{\left\{ \dfrac{\pi h \nu_g f_\omega P_{\text{flux}}(\nu_g, T_s)}{u(\nu_g, T_s)} \right\}} = \frac{V_{\text{op}}}{V_g} u(\nu_g, T_s)$$

$$= \nu(x_g, x_c, f) \times u(\nu_g, T_s) \tag{5.4}$$

を得る。

ここで,式 (3.2) の $V_g = h\nu_g / q$ を利用した。非詳細平衡時の変換効率は,$u(\nu_g, T_s)$ と $\nu(x_g, x_c, f)$ の積で与えられる。

式 (5.4) の $u(\nu_g, T_s)$ と $\nu(x_g, x_c, f)$ に式 (3.7),式 (4.39) をそれぞれ用い,太陽の温度 $T_s = 6\,000$ K,太陽電池の温度 $T_c = 300$ K,$f = 1.09 \times 10^{-5}$ ($f_c = 1$, $f_\omega = 2.18 \times 10^{-5}$) としたとき,非詳細平衡時の変換効率 η_{nom} をバンドギャップの関数として描くと図 5.2 のようになる。3 章で求めた完全理想モデルにおける変換効率と比較すると,非詳細平衡時の変換効率 η_{nom} は $\nu(x_g, x_c, f)$ を掛けた分だけ,全体的に効率が下がっている。非詳細平衡時の変換効率は 1.25 eV で最大 34.4% になる。

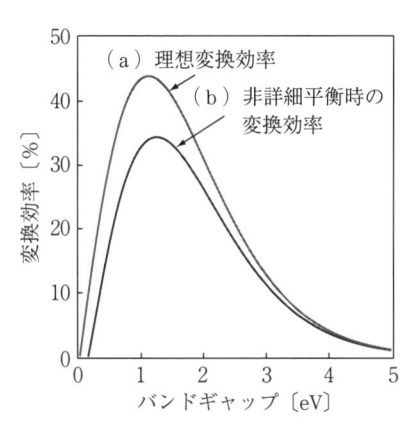

理想変換効率は 3 章で示したように $u(\nu_g, T_s)$,非詳細平衡時の変換効率は理想変換効率に開放電圧のバンドギャップによる電圧に対する割合を掛け

$$\nu(x_g, x_c, f) \times u(\nu_g, T_s)$$

で与えられる。

図 5.2 理想変換効率と非詳細平衡時の変換効率の比較

5.2 詳細平衡時の変換効率

5.1節の非詳細平衡時の変換効率の議論では,電流－電圧特性の中で出力が最大となる動作点における変換効率を議論しなかった。すなわち最大電力を取りだすことができる特定の電流と電圧におけるキャリヤの生成と再結合の平衡状態は考慮しなかった。ここでは,太陽電池の出力が最大となるときの電圧 $V_{\max}$ について考えてみよう。式 (4.33) より太陽電池の電流－電圧特性は式 (5.5) のようになる。

$$I = I_{\mathrm{sh}} + I_0 \left\{ 1 - \exp\left(\frac{V}{V_c}\right) \right\}$$

$$= (I_{\mathrm{sh}} + I_0) - I_0 \exp\left(\frac{V}{V_c}\right) \tag{5.5}$$

式 (5.5) の電流－電圧特性を,開放電圧 V_{op} を用いて書き直す。式 (4.22),(4.26),(4.31) より

$$\begin{aligned} I_{\mathrm{sh}} + I_0 &= qF_s + I_0 \\ &= qF_s \frac{F_{c0} + R(0)}{F_{c0} + R(0)} + I_0 \\ &= I_0 \frac{F_s}{F_{c0} + R(0)} + I_0 \\ &= I_0 \left(\frac{f_c F_s}{F_{c0}} + 1\right) \end{aligned} \tag{5.6}$$

と表される。また,式 (4.28) に導いたように,開放電圧 V_{op} は

$$V_{\mathrm{op}} = V_c \ln\left(\frac{f_c F_s}{F_{c0}} + 1\right) \tag{4.28}$$

であるので,この式を変形すると

$$\frac{f_c F_s}{F_{c0}} + 1 = \exp\left(\frac{V_{\mathrm{op}}}{V_c}\right) \tag{4.28}'$$

となる。この式を式 (5.6) に代入し,その結果を式 (5.5) の $I_{\mathrm{sh}} + I_0$ に代入すれば,開放電圧 V_{op} を用いた電流－電圧特性は式 (5.7) のように表される。

$$I = I_0 \left\{ \exp\left(\frac{V_{\mathrm{op}}}{V_c}\right) - \exp\left(\frac{V}{V_c}\right) \right\} \tag{5.7}$$

式 (5.7) の両辺に電圧 V を掛けることより，太陽電池から取り出すことのできる電力 IV と電圧 V の関係式である式 (5.8) が求まる．

$$IV = I_0 V \left\{ \exp\left(\frac{V_{\mathrm{op}}}{V_c}\right) - \exp\left(\frac{V}{V_c}\right) \right\} \tag{5.8}$$

縦軸を太陽電池から取り出すことのできる電力 IV，横軸を電圧 V としてグラフを描くと**図 5.3** のようになる．

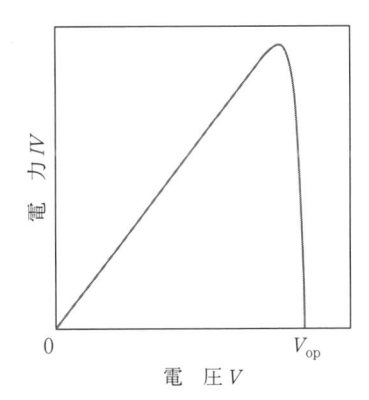

図 5.3 太陽電池の IV-V 特性

図 5.3 から最大出力は IV-V 曲線の頂点であるので，傾きが 0 になる．そのため，最大出力時にはつぎの条件が成り立つ．

$$\frac{d(IV)}{dV} = 0$$

式 (5.8) を V で微分すると式 (5.9) のようになる．

$$\begin{aligned}
\frac{d(IV)}{dV} &= I_0 \exp\left(\frac{V_{\mathrm{op}}}{V_c}\right) - \left\{ I_0 \exp\left(\frac{V}{V_c}\right) + I_0 \frac{V}{V_c} \exp\left(\frac{V}{V_c}\right) \right\} \\
&= I_0 \left\{ \exp\left(\frac{V_{\mathrm{op}}}{V_c}\right) - \frac{V + V_c}{V_c} \exp\left(\frac{V}{V_c}\right) \right\} = 0
\end{aligned} \tag{5.9}$$

式 (5.9) を満たす V が最大出力時の電圧 V_{max} となる．ここで z_{op} と z_{m} を式 (5.10) のように定義する．

$$z_{\mathrm{op}} \equiv \frac{V_{\mathrm{op}}}{V_c}, \quad z_{\mathrm{m}} \equiv \frac{V_{\mathrm{max}}}{V_c} \tag{5.10}$$

これを利用すると，式 (5.9) は式 (5.11) のような簡単な式で表される．

$$z_{op} = z_m + \ln(1 + z_m) \tag{5.11}$$

式 (5.11) から z_{op} は z_m よりも $\ln(1+z_m)$ だけ大きい．また，いま考えている**詳細平衡時の変換効率**（detailed balance limit of efficiency）では，太陽電池の温度 T_c を 300 K で一定としているため，式 (5.10) の V_c は式 (4.15) より

$$V_c = \frac{kT_c}{q} = (\text{定数}) \tag{5.12}$$

と一定であるので，式 (5.10)，(5.11) より V_{op} は V_{max} のみの関数である．その結果，開放電圧 V_{op} は最大出力時の電圧 V_{max} よりもつねに大きくなる．

また，式 (5.11) をグラフにすると**図 5.4** のようになり，z_{op} は単調増加関数であることがわかる．そのため，z_m が求まれば z_{op} が求まり，逆に z_{op} が求まれば z_m を求めることができる．

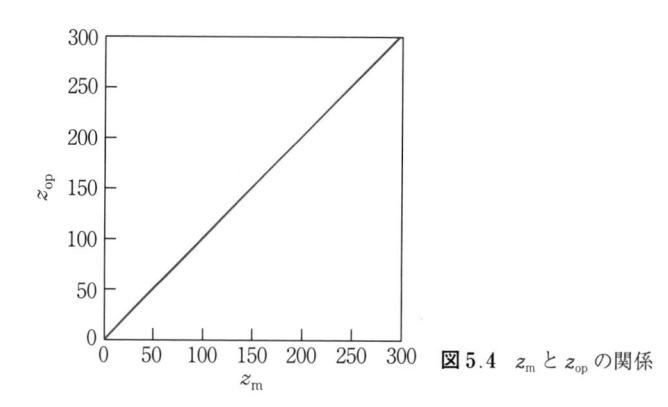

図 5.4 z_m と z_{op} の関係

つぎに，開放電圧 V_{op}，短絡電流 I_{sh}，最大出力時の電圧 V_{max}，そのときの電流 $I(V_{max})$ を，z_m を用いて表そう．

開放電圧 V_{op} は，式 (5.10) で与えられる z_{op} の定義と式 (5.11) より求まり，式 (5.13) となる．

$$V_{op} = V_c z_{op} = V_c \{z_m + \ln(1 + z_m)\} \tag{5.13}$$

短絡電流 I_{sh} は，式 (5.7) で $V=0$ としたときの電流である．このため，I_{sh}

5.2 詳細平衡時の変換効率　61

も同じく式 (5.10) と式 (5.11) より式 (5.14) のように表される。

$$\begin{aligned}
I_{sh} &= I_0 \{\exp(z_{op}) - 1\} = I_0[\exp\{z_m + \ln(1+z_m)\} - 1] \\
&= I_0 \exp(z_m)\{1 + z_m - \exp(-z_m)\} \\
&= I_0 z_m \exp(z_m) + I_0 \exp(z_m)\{1 - \exp(-z_m)\} \\
&= I_0 z_m \exp(z_m) + I_0 \{\exp(z_m) - 1\}
\end{aligned} \quad (5.14)$$

最大出力時の電圧 V_{max} は、式 (5.10) の z_m の定義より、式 (5.15) のようになる。

$$V_{max} = V_c z_m \quad (5.15)$$

この V_{max} を式 (5.7) の V に代入することによって、最大出力時の電流 $I(V_{max})$ を求めることができ、式 (5.16) となる。

$$\begin{aligned}
I(V_{max}) &= I_0 \{\exp(z_{op}) - \exp(z_m)\} \\
&= I_0 [\exp\{z_m + \ln(1+z_m)\} - \exp(z_m)] \\
&= I_0 z_m \exp(z_m)
\end{aligned} \quad (5.16)$$

式 (5.14) と式 (5.16) を比較すると、$I(V_{max})$ は I_{sh} より $I_0\{\exp(z_m)-1\}$ だけ小さくなることがわかる。

図 5.5 は、面積が 1 cm^2 の Si 太陽電池（バンドギャップ＝1.1 eV）の場合の電流－電圧特性を計算したものである。実際の太陽電池では電流－電圧特性は曲線を描き、最大出力時の電圧 V_{max}、電流 $I(V_{max})$ は開放電圧 V_{op}、短絡電

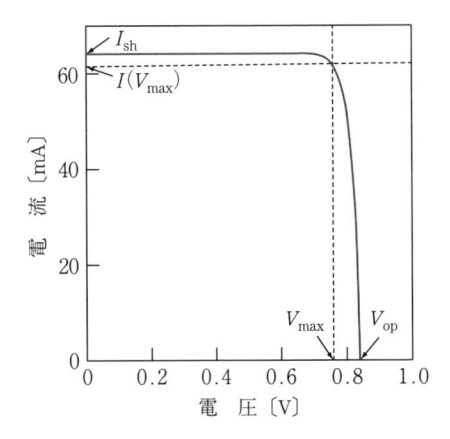

図 5.5　Si 太陽電池の電流-電圧特性の計算結果

流 I_{sh} よりも小さくなることがわかる。この曲線の形状から曲線因子である「フィルファクタ FF」と呼ばれる太陽電池では重要な係数が決まる。フィルファクタ FF は式 (5.17) で与えられる。

$$FF \equiv \frac{I(V_{\max})V_{\max}}{V_{op}I_{sh}} \tag{5.17}$$

式 (5.17) は，**図 5.6** と**図 5.7** に示す網かけ部分の長方形の面積の割合で表すことができる。これで最終的に求めたい詳細平衡時の変換効率に必要な関係式はすべて出そろった。

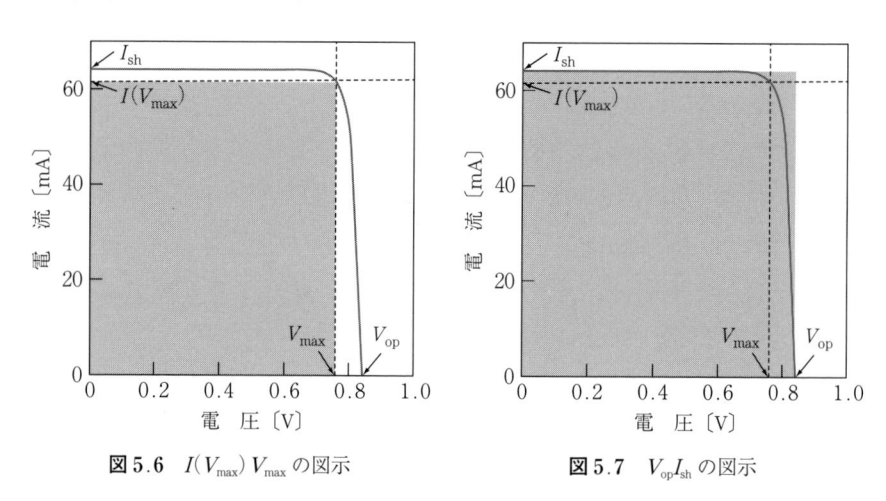

図 5.6 $I(V_{\max})V_{\max}$ の図示

図 5.7 $V_{op}I_{sh}$ の図示

太陽電池の詳細平衡時の変換効率は，(最大電力)/(入射する太陽のエネルギー) なので式 (5.18) のようになる。

$$\begin{aligned}
\eta &= \frac{P_{\max}}{P_{\text{inc}}} \\
&= \frac{I(V_{\max})V_{\max}}{P_{\text{inc}}} \\
&= \frac{V_{op}I_{sh}}{P_{\text{inc}}} \cdot \frac{I(V_{\max})V_{\max}}{V_{op}I_{sh}} \\
&= \eta_{\text{nom}} \times FF
\end{aligned} \tag{5.18}$$

η_{nom} は 5.1 節で求めた非詳細平衡時の変換効率であり，式 (5.4) で与えられた。

5.2 詳細平衡時の変換効率

$$\eta_{\text{nom}} = \frac{V_{\text{op}} I_{\text{sh}}}{P_{\text{inc}}}$$

$$= \nu(x_g, x_c, f) \times u(\nu_g, T_s) \quad (5.4)$$

式 (5.18) から，最大電力が取り出せるときの詳細平衡を考慮した太陽電池の変換効率は，非詳細平衡時の変換効率とフィルファクタ FF の積となることがわかる。非詳細平衡時の変換効率は 5.1 節で求めたので，ここではフィルファクタ FF を求める。式 (5.17) のフィルファクタ FF の定義から，開放電圧 V_{op}，短絡電流 I_{sh}，最大出力時の電圧 V_{max}，そのときの電流 $I(V_{\text{max}})$ を求めることができれば，詳細平衡時の変換効率を計算することができる。

フィルファクタ FF の定義式である式 (5.17) に，式 (5.13)～(5.16) で求めた V_{op}, I_{sh}, V_{max}, $I(V_{\text{max}})$ を代入し，フィルファクタ FF を z_{m} のみで表すと，式 (5.19) が得られる。

$$\begin{aligned} FF &\equiv \frac{I(V_{\text{max}}) V_{\text{max}}}{I_{\text{sh}} V_{\text{op}}} \\ &= \frac{I_0 z_{\text{m}} \exp(z_{\text{m}}) \times V_c z_{\text{m}}}{I_0 \exp(z_{\text{m}}) \{1 + z_{\text{m}} - \exp(-z_{\text{m}})\} \times V_c \{z_{\text{m}} + \ln(1 + z_{\text{m}})\}} \\ &= \frac{z_{\text{m}}^2}{\{1 + z_{\text{m}} - \exp(-z_{\text{m}})\} \{z_{\text{m}} + \ln(1 + z_{\text{m}})\}} \end{aligned} \quad (5.19)$$

式 (5.19) を使って計算したフィルファクタ FF と開放電圧 V_{op} の関係を**図 5.8** に示す。FF は，V_{op} の増加に伴って単調に増加し，0.25 から 1 までの値をとる。図 5.4 より z_{m} は z_{op} から求めることができるので，z_{op} の値がわかればフィルファクタ FF は計算で求めることができる。結局，FF は z_{op} (つまり

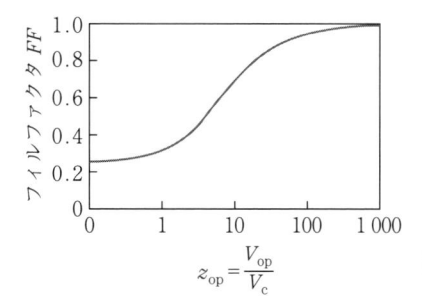

図 5.8 FF と V_{op} の関係

$$z_{\text{op}} = \frac{V_{\text{op}}}{V_c}$$

64   5. 詳細平衡モデルによる太陽電池変換効率

開放電圧 V_{op}) がわかれば計算できることになる．

それではいよいよ実際に詳細平衡時の変換効率を計算してみよう．すでに述べたように，詳細平衡時の変換効率は，3.6節で求めた理想太陽電池のエネルギー変換効率 $u(\nu_g, T_s)$ に，5.1節で求めた $\nu(x_g, x_c, f)$ とフィルファクタ FF を掛け合わせた形で表現でき，式（5.18）で導いたように，最終的に式（5.20）で表される．

$$\eta = u(\nu_g, T_s) \times \nu(x_g, x_c, f) \times FF \tag{5.20}$$

先ほど述べたように，FF は開放電圧 V_{op} がわかれば計算できる．式（5.10）を用いると開放電圧 V_{op} から z_{op} が計算できる．続いて式（5.11）を用いると z_{op} から z_m が求まる．この z_m を式（5.19）に代入することにより，FF の値を計算することができる．この FF の値と 5.1節で求めた式（5.4）の非詳細時の変換効率を掛け合わせることにより，詳細平衡時の変換効率を計算できる．以下にこの計算で使用する関係式を整理して示す．

$$u(\nu_g, T_s) = \frac{\int_{\nu_g}^{\infty} G(\nu, T_s) \times h\nu_g d\nu}{\int_0^{\infty} G(\nu, T_s) \times h\nu d\nu} \times 100 \tag{3.4)～(3.6}$$

$$\nu(x_g, x_c, f) \equiv \frac{V_{op}}{V_g}$$

$$= \left(\frac{V_c}{V_g}\right) \ln\left(fx_c^{-3} \frac{\int_{x_g}^{\infty} \frac{x^2}{\exp(x)-1}dx}{\int_{x_g/x_c}^{\infty} \frac{x^2}{\exp(x)-1}dx}\right) \tag{4.39}$$

$$x_g = \frac{E_g}{kT_s}, \quad x_c = \frac{T_c}{T_s} \tag{4.34)，(4.35}$$

$$FF = \frac{z_m^2}{\{1+z_m-\exp(-z_m)\}\{z_m+\ln(1+z_m)\}} \tag{5.19}$$

$$z_{op} = z_m + \ln(1+z_m) \tag{5.11}$$

図 5.9 に式（5.20）から計算した詳細平衡時の変換効率をバンドギャップの関数で描いている．ここで，太陽の温度 T_s は 6 000 K，太陽電池の温度 T_c は 300 K，$f=1.09\times10^{-5}$（$f_c=1$，$f_\omega=2.18\times10^{-5}$）とした．また，$\nu_g$ はエネルギー

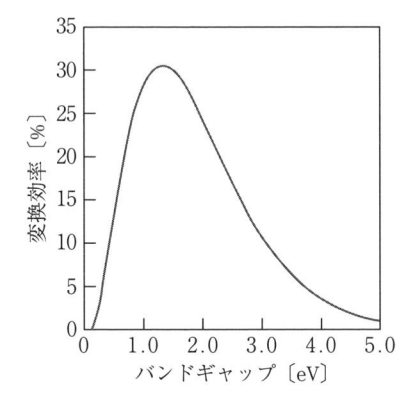

図5.9 詳細平衡時の変換効率

ギャップに対応する振動数，$G(\nu, T)$ は単位面積，単位時間に単位立体角当り入ってくるフォトン流量である。詳細平衡時の変換効率は，1.34 eV で最大 30.5％になる。

いままでに学習した理想太陽電池の変換効率と詳細平衡時の変換効率を図 5.10 に比較して示した。図(a)は理想太陽電池の変換効率であり，バンドギャップに相当する開放電圧を得ることができ，入射した光子はすべて吸収され電子を励起すると仮定している。このため理論限界効率はバンドギャップ 1.12 eV の半導体のとき 44.3％に達する。

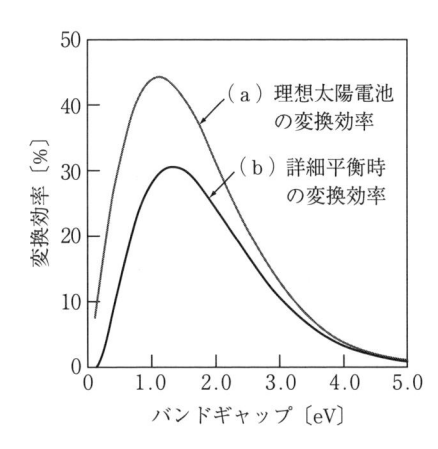

図5.10 理想太陽電池の変換効率と詳細平衡時の変換効率

この理想太陽電池の変換効率に太陽と地球の立体角，太陽電池が温度 T_c の黒体である条件に，さらにフィルファクタを考慮した詳細平衡時の変換効率が

図(b)の曲線である。非詳細平衡時の変換効率を比較した図5.2と比べても，フィルファクタの分だけ変換効率が一段と下がっている。また，図5.8に示したフィルファクタと開放電圧の関係から，開放電圧が大きくなる，すなわち半導体のバンドギャップが大きくなるほどフィルファクタの値が大きくなる。このため，詳細平衡時の変換効率が最大となる半導体のバンドギャップは理想太陽電池の変換効率のバンドギャップ1.12 eVよりも大きくなる。詳細平衡時の変換効率はバンドギャップ1.34 eVの半導体のとき最大となり，30.5%に達する。この値が，いわゆるS‐Q限界といわれている有名な数値である。すなわち，避けることができない損失を考慮した単接合太陽電池の究極のエネルギー変換効率である。

ガリウムヒ素GaAsは室温においてバンドギャップが1.42 eVの半導体であり，このS‐Q限界を実現するのに近い特性を有している。現実にも，単接合太陽電池ではGaAsが最大の変換効率を得ている。

最後に，fの値が変換効率に及ぼす影響について考えておく。4.3節において，$f \equiv f_c f_\omega / 2$と定義した。$f_\omega \equiv 2.18 \times 10^{-5}$は太陽の立体角によって決まる幾何学因子なので，$f$は$f_c$に依存して変化すると考えることができる。$f_c$は式(4.22)より

$$f_c = \frac{F_{c0}}{F_{c0} + R(0)}, \quad 0 < f_c \leq 1 \tag{4.22}$$

である。ここで詳細平衡時の変換効率というのは，$f_c=1$の場合，つまり非輻射による電子‐正孔対の生成がなく，非輻射による再結合もない場合における太陽電池のエネルギー変換効率にほかならない。非輻射による再結合が多くなると，f_cの値が1より小さくなり，fは詳細平衡時の値である1.09×10^{-5}より小さくなる。その結果，式(4.38)で表される開放電圧V_{op}の値が低下して，変換効率が低下する。つまり，fの値が小さくなると変換効率は低下する。

6. 太陽電池効率の実際の計算

はじめに 5章では単接合太陽電池の詳細平衡時の変換効率を導き，太陽光スペクトルにプランクの黒体輻射の式を用いて計算した。2.2節で述べたように，大気通過した太陽光スペクトルは**大気通過量（AM，エアマス）**に応じて異なる。この章では太陽光スペクトルに黒体輻射ではなく，実際に地上に届く大気通過後の太陽光スペクトルのデータを用いて，さまざまな構造の太陽電池の変換効率を計算する。

まず，6.1節では5章で求めたプランクの黒体輻射に対する単接合太陽電池の変換効率を実際の太陽光スペクトルについて計算し直す。6.2節では太陽光をレンズなどで集光したときに変換効率がどのように変化するかを明らかにする。また，6.3節から6.5節ではS-Q限界を超える新しいタイプの太陽電池として最近注目されている，三つの太陽電池構造を取り上げた。S-Q限界を超えるということは，「避けることができない」とこれまでいってきた透過損や熱損失を何とかして「避ける」ということである。損失を減らし，太陽光のスペクトル資源を最大限電力に変換するためには，太陽電池が電力変換できる波長帯域を広げるか，あるいは逆に，太陽光スペクトルそのものを太陽電池が効率よく電力変換できるように成形するかのいずれかである。

前者の例として，6.3節で多接合タンデム型太陽電池，6.4節で中間バンド型太陽電池を取り挙げた。多接合タンデム型太陽電池は異なるバンドギャップを持った半導体接合を多層に積層した構造であり，太陽電池を透過する太陽光をその下層にある太陽電池で捉える方法である。本来なら透過損となる光を発

電に利用するために，単接合のS-Q限界を超えることができるのである。このタイプの太陽電池はすでに実用化されており，3接合タンデム型で世界最高性能を出している。

　一方，中間バンド型太陽電池は高変換効率かつ，多接合タンデム型太陽電池の欠点であるシリーズ結合特性の欠点を補うタイプの太陽電池として注目されている。タンデム型太陽電池では異なるバンドギャップを持った接合がシリーズに積層されている。そのため積層した接合のうちどれか一つでも停止すると，発電しなくなる。例えば，曇った天気の日には，雲による散乱や吸収のため一部の光が届きにくくなる。これによって，もしいずれかの層の太陽電池の発電能力が低下することになれば，他層の太陽電池がたとえ十分機能していても，このダメージを受けている層を流れる電流が低下してボトルネックとなり，太陽電池全体が機能不全になる。

　それに対して，中間バンド型太陽電池ではバンドギャップ中に新たなバンド（いわゆる中間バンド）を設けることによって，透過損を抑える構造になっている。バンド間による光吸収と中間バンドを介した光吸収は並行して起こるために，多接合タンデム型太陽電池の場合に問題となる曇りのときの発電停止には陥らない。このような，天候の変化による太陽電池への影響については6.6節で詳しく取り挙げた。6.5節は太陽光のスペクトルを変形させて損失を低減する一例である。

　透過損を低減するには太陽光スペクトルの長波長光を短波長光に変換する必要があり，熱損失を抑えるには短波長光を長波長光に変換する必要がある。ここではフォトンエネルギーの大きな短波長光をフォトンエネルギーの小さな長波長光にダウンコンバージョンすることによって，変換効率がどこまで向上するか検討した。

　6.6節までは太陽電池の温度を300 Kで一定として議論を進めるが，変換効率の向上に欠かせない集光型太陽電池では，太陽光の強力な集光により太陽電池素子の温度が上昇する。半導体の温度が上昇すれば，バンドギャップが小さくなり，また，4.2節で述べたような電子－正孔対の再結合数の増加がみら

れ，変換効率の低下を招くこととなる。6.7 節では太陽電池の温度が変化したときの変換効率変化を検討した。

それでは以上述べたさまざまな方式における変換効率を順に見ていく。

6.1 単接合太陽電池

最も簡単な例として 5 章まで説明してきた単接合太陽電池の場合を考える。AM データは，米国 National Renewable Energy Laboratory (NREL) の Electricity, Resources, and Building Systems Integration Center[†] が公開しているデータを使用して計算を行った。データには各波長に対する分光放射照度〔W/m² · nm〕が記載されている。このデータをグラフにすると，**図 6.1** のようになる。

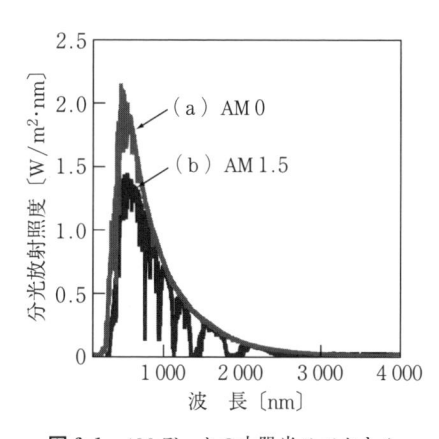

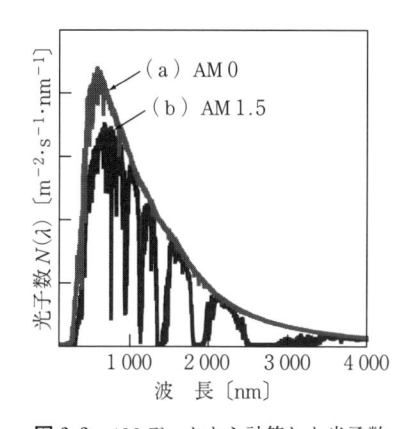

図 6.1 AM データの太陽光スペクトル **図 6.2** AM データから計算した光子数

この分光放射照度を各波長ごとのエネルギー $h\nu$ で除算することによって，単位面積，単位時間，単位波長当りの光子数〔$m^{-2} \cdot s^{-1} \cdot nm^{-1}$〕を計算することができる。この値を $N(\lambda)$ と定義して，グラフを描くと**図 6.2** のようになる。

これらの太陽光の分光放射照度と光子数のスペクトルを比較すると，エネルギーの小さな長波長側の光子数が相対的に増えているのがわかる。特に，お

---

† http://rredc.nrel.gov/solar/spectra/ （2012 年 3 月現在）

よそ 700 nm から 2 500 nm の近赤外域の光子数は十分豊富であり，太陽電池利用には魅力的な領域である。

黒体輻射の式の代わりに AM データの $N(\lambda)$ を用いることで，5 章の黒体輻射を用いた場合と同様にして変換効率を計算することができる。すなわち，式 (5.20) を用いて詳細平衡時の変換効率を計算できる。

$$\eta = u(\nu_g, T_s) \times v(x_g, x_c, f) \times FF \tag{5.20}$$

まずは，$u(\nu_g, T_s)$ について考える。3.6 節では式 (3.4) と式 (3.5) を用いて，理想太陽電池の変換効率 $u(\nu_g, T_s)$ を式 (3.6) のように計算した。

$$u(\nu_g, T_s) = \frac{P_{\text{out}}(\nu_g)}{P_{\text{in}}} \times 100 \tag{3.6}$$

式 (3.6) は，理想太陽電池の変換効率が理想太陽電池の出力 P_{out} を太陽光のパワー P_{in} で除算することによって計算できることを表している。AM データを用いた場合のバンドギャップ λ_{E_g} の理想太陽電池の出力 P_{out} と太陽光のパワー P_{in} は，式 (6.1)，(6.2) で表される。

$$P_{\text{out}} = h\nu_g \int_0^{\lambda_{E_g}} N(\lambda)\,d\lambda \tag{6.1}$$

$$P_{\text{in}} = \int_0^{\infty} N(\lambda) \times h\nu\,d\lambda \tag{6.2}$$

このため，AM データを用いた場合の理想太陽電池の変換効率 $u(\lambda_{E_g})$ は式 (6.3) で計算できる。

$$u(\lambda_{E_g}) = \frac{h\nu_g \int_0^{\lambda_{E_g}} N(\lambda)\,d\lambda}{\int_0^{\infty} N(\lambda) \times h\nu\,d\lambda} \times 100 \tag{6.3}$$

式 (6.3) の変換効率はバンドギャップ λ_{E_g}（波長表示）となっているため，波長 λ をエネルギー eV に変換して，理想太陽電池の変換効率のバンドギャップ E_g 依存性をグラフに描くと，**図 6.3** のようになる。

つぎに，$v(x_g, x_c, f)$ とフィルファクタ FF について考える。5.2 節において開放電圧 V_{op} が求まれば，$v(x_g, x_c, f)$ とフィルファクタ FF が計算できることを説明した。このため，AM データを用いた場合の開放電圧 V_{op} が求まれば，

6.1 単接合太陽電池

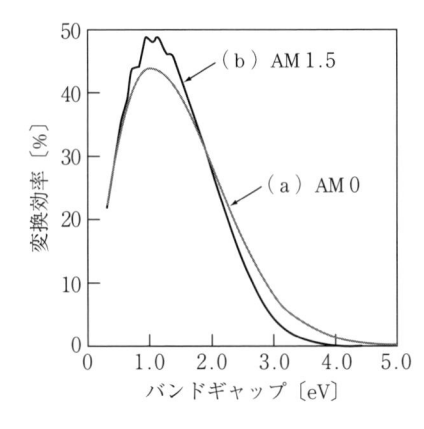

図 6.3 AM データを用いた場合の完全理想モデル太陽電池の変換効率

$\nu(x_g, x_c, f)$ とフィルファクタ FF を計算できる．4.3 節で求めた開放電圧の式 (4.29) を以下に示す．

$$V_{\rm op} = V_c \ln \left\{ \frac{f_c f_\omega \pi P_{\rm flux}(\nu_g, T_s)}{2\pi P_{\rm flux}(\nu_g, T_c)} \right\} \tag{4.29}$$

式 (4.29) のうち $F_s = f_\omega \pi P_{\rm flux}(\nu_g, T_s)$ を AM データから求めた光子数

$$\int_0^{\lambda_{E_g}} N(\lambda) d\lambda$$

と置き換えることで，AM のデータを用いた $V_{\rm op}$ を計算することができる．よって開放電圧の式 (4.30) は式 (6.4) のように表される．

$$V_{\rm op} = V_c \ln \left\{ \frac{f_c \int_0^{\lambda_{E_g}} N(\lambda) d\lambda}{2\pi P_{\rm flux}(\nu_g, T_c)} \right\} \tag{6.4}$$

この開放電圧から $\nu(x_g, x_c, f)$ とフィルファクタ FF を求めて，式 (6.3) で求めた AM のデータを使って計算した理想太陽電池の変換効率 $u(\lambda_{E_g})$ に掛け合わせると，AM データを用いた場合の単接合太陽電池の詳細平衡時の変換効率が計算できる．AM データを用いた場合の詳細平衡時の変換効率を計算した結果を**図 6.4** に示す．

また，以下にこの計算で使用する関係式を整理して示す．

$$u(\lambda_{E_g}) = \frac{h\nu_g \int_0^{\lambda_{E_g}} N(\lambda) d\lambda}{\int_0^\infty N(\lambda) \times h\nu d\lambda} \times 100 \tag{6.3}$$

6. 太陽電池効率の実際の計算

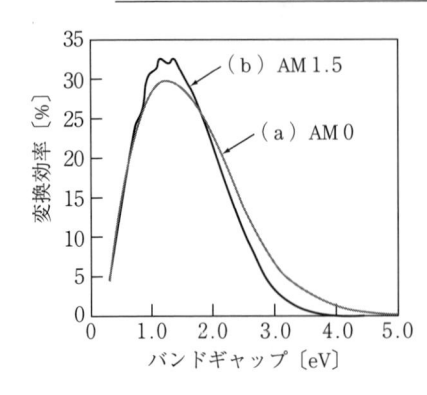

図6.4 AMデータを利用した単接合太陽電池の詳細平衡時の変換効率

$$\nu(x_g, x_c, f) \equiv \frac{V_{\text{op}}}{V_g} = \left(\frac{V_c}{V_g}\right) \ln \left\{ \frac{f_c}{2\pi\left(\frac{2k^3 T_c^3}{h^3 c^2}\right)} \cdot \frac{\int_0^{\lambda_{E_g}} N(\lambda) d\lambda}{\int_{x_g/x_c}^{\infty} \frac{x^2 dx}{\exp(x)-1}} \right\}$$

$$(4.34) \sim (4.39)$$

$$x_g = \frac{E_g}{kT_s}, \quad x_c = \frac{T_c}{T_s} \tag{6.5}$$

$$FF \equiv \frac{I(V_{\max}) V_{\max}}{I_{\text{sh}} V_{\text{op}}}$$

$$= \frac{z_m^2}{\{1 + z_m - \exp(-z_m)\} \{z_m + \ln(1+z_m)\}} \tag{5.19}$$

$$z_{\text{op}} = \frac{V_{\text{op}}}{V_c} = z_m + \ln(1+z_m) \tag{5.10}, (5.11)$$

ここで，太陽の温度 T_s は6 000 K，太陽電池の温度 T_c は $f = 1.09 \times 10^{-5}$ ($f_c = 1$, $f_\omega = 2.18 \times 10^{-5}$) とした。また，$\lambda_{E_g}$ はエネルギーギャップに対応する波長，$N(\lambda)$ は単位面積，単位時間に入ってくるフォトン流量である。

AM 1.5を用いて計算した場合，最大の変換効率がAM 0のデータを上回っているのがわかる。これは図6.1に示したようにAM 0太陽光スペクトルと比べて，AM 1.5の太陽光スペクトルでは，大気中の分子による散乱や吸収のために，紫外領域と赤外領域の光の強度が減少しているからである。そのため，本来熱損失の原因となっていた紫外光と，透過損の原因となっていた赤外光が減少して，太陽光スペクトルと太陽電池との整合性が増大したため，AM 1.5

の理論変換効率はAM 0の理論変換効率を上回る結果になったと考えられる。自然が創りだした太陽光スペクトルの成形である。

図6.4のグラフに，実際の太陽電池で使用されている半導体材料[†]を書き加えたグラフを**図6.5**に示す。変換効率はバンドギャップが1.3 eV付近で最大値をとるため，単接合太陽電池に使用する半導体材料としてはSi，InP，GaAsが適している。

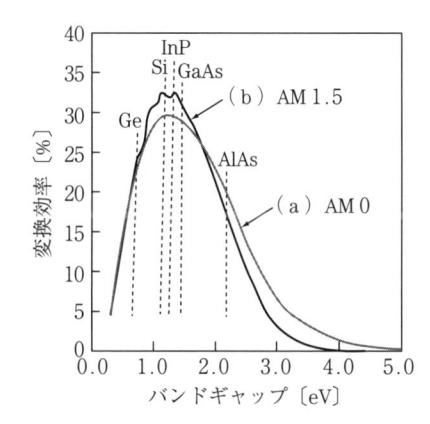

図6.5 さまざまな半導体材料の単接合太陽電池における詳細平衡時の変換効率

6.2 集光型太陽電池

ここまでの太陽電池の変換効率の話はすべて太陽光をそのまま太陽電池に入射した場合のものである。この節では太陽光を集光して太陽電池に入射する「集光型太陽電池」の基本的な仕組みと，その変換効率について述べていく。集光型太陽電池は，本来，太陽電池の表面から外れてしまう太陽光を，レンズや鏡を用いて太陽電池の表面に集光させ，太陽電池に入射してくる太陽光を増加させることで，より高効率な変換を狙う太陽電池である。変換効率は45％を超え，さらに50％を目指す太陽電池を実現するには太陽光の集光が不可欠

[†] The Landolt-Börnstein Database；http://www.springermaterials.com/navigation/index.html（2012年3月現在），またはA. G. ミルネス，D. L. フォイヒト 原著，酒井善雄，高橋清，森泉豊栄 共訳：半導体ヘテロ接合，森北出版（1974）

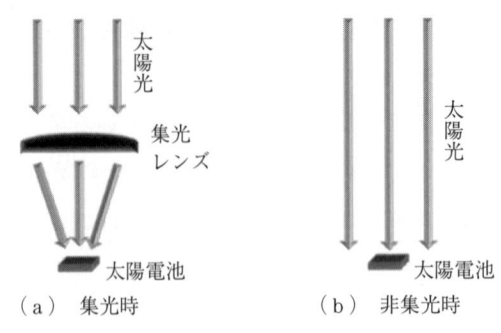

74   6. 太陽電池効率の実際の計算

図 6.6 集光型太陽電池の構成

である。図 6.6 に集光型太陽電池の基本的な構成を示す。

図(a)のように，集光することで太陽電池の変換効率がどれだけ変化するのか考える。上述したように，太陽光を集光することにより，太陽電池に入射するフォトン数が増加する。集光率を X とすると，集光時に太陽の黒体輻射スペクトルの中で太陽電池が吸収できる光子数 P'_{flux} は，図(b)の非集光時（4.1節）の太陽電池が吸収できる光子数 P_{flux} に集光率 X を掛けたもので，式 (6.6) となる。

$$P'_{\text{flux}}(\nu_g, T_s) = XP_{\text{flux}}(\nu_g, T_s) \tag{6.6}$$

P'_{flux} の増加に伴い，集光時の太陽光による電子 - 正孔対の生成数 F'_s は，F_s を定義している式 (4.4) と上の式 (6.6) より，式 (6.7) のように表される。

$$\begin{aligned} F'_s &= P'_{\text{flux}}(\nu_g, T_s)\pi f_\omega \\ &= XP_{\text{flux}}(\nu_g, T_s)\pi f_\omega \\ &= XF_s \end{aligned} \tag{6.7}$$

つぎに，開放電圧 V_{op} は，式 (4.29) と上式 (6.7) を用いて式 (6.8) のように表される。

$$\begin{aligned} V_{\text{op}} &= V_c \ln\left(\frac{f_c F'_s}{F_{c0}} + 1\right) \\ &= V_c \ln\left(X\frac{f_c F_s}{F_{c0}} + 1\right) \end{aligned} \tag{6.8}$$

式 (6.8) から開放電圧 V_{op} は，集光することによって非集光時と比べて増

6.2 集光型太陽電池

加することがわかる。これは，太陽光を太陽電池の表面に集光することによって太陽光による電子-正孔対の生成数が増加し，電子-正孔対の生成数が増加することによって太陽電池の起電力を表す電子の擬フェルミ準位と正孔の擬フェルミ準位の差が広がる結果である。

あとは，6.1 節で説明したように，この修正された開放電圧から ν と FF が求まるため，詳細平衡時の変換効率を計算することができる。

ここで，集光率 X とは「集光時の単位時間当りに吸収されるフォトン数」と「非集光時の単位時間当りに吸収されるフォトン数」の比であり，式 (6.9) のようになる。

$$X = \frac{\int_0^{2\pi}\int_0^{\theta_X} P_{\text{flux}}(\nu_g, T_s)\cos\theta \, d\Omega}{\int_0^{2\pi}\int_0^{\theta_{\text{sun}}} P_{\text{flux}}(\nu_g, T_s)\cos\theta \, d\Omega} \tag{6.9}$$

式 (6.9) の右辺の分母は非集光時の単位時間当りに吸収されるフォトン数を表しており，**図 6.7** の平板の太陽電池に対して，法線方向から最大で θ_{sun} の角度で入射してくる光を含む。θ_{sun} は太陽の直径 $D = 1.39 \times 10^9$ m，太陽と地球との距離 $L = 149 \times 10^9$ m より，0.267 25… 度になる。式 (6.9) の右辺の分子は集光時の単位時間当りに吸収されるフォトン数を表しており，平板の太陽電池に対して，法線方向から最大で θ_X の角度で入射してくる光を含む。

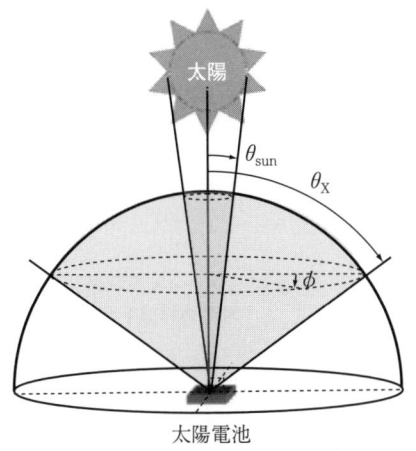

図 6.7 集光時の入射光の広がり

6. 太陽電池効率の実際の計算

式 (4.8) の微小立体角成分 $d\Omega = \sin\theta\, d\theta\, d\varphi$ を用いると，式 (6.9)′ が求められる．

$$
\begin{aligned}
X &= \frac{\int_0^{2\pi}\int_0^{\theta_X}\cos\theta\sin\theta\, d\theta\, d\phi}{\int_0^{2\pi}\int_0^{\theta_{\text{sun}}}\cos\theta\sin\theta\, d\theta\, d\phi} \\
&= \frac{2\pi\int_0^{\theta_X}\frac{1}{2}\sin 2\theta\, d\theta}{2\pi\int_0^{\theta_{\text{sun}}}\frac{1}{2}\sin 2\theta\, d\theta} \\
&= \frac{\frac{1}{2}[-\cos 2\theta]_0^{\theta_X}}{\frac{1}{2}[-\cos 2\theta]_0^{\theta_{\text{sun}}}} \\
&= \frac{1-\cos 2\theta_X}{1-\cos 2\theta_{\text{sun}}} = \frac{\sin^2\theta_X}{\sin^2\theta_{\text{sun}}} \qquad (6.9)'
\end{aligned}
$$

最大集光時 $X_{\max}$ の集光率は，太陽電池自身の輻射を考えたときと同じように，太陽電池の表面の周り（半球範囲）のすべてから光が入射する $\theta_X = 90°$ としたときであり，45 963… となる．文献では最大集光率として $X_{\max} = 45\,900$ が用いられることが多い．この最大集光時で計算した変換効率を**図 6.8** に示す．これ以降，「集光」という場合は，この「最大集光」を指す．

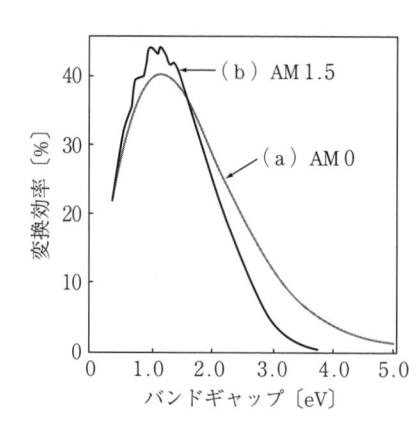

図 6.8 AMデータを利用した集光型太陽電池の詳細平衡時の変換効率

図 6.8 より，集光型太陽電池の変換効率は AM 0，AM 1.5 ともに 40% を超えており，非集光時の変換効率を大きく上回る．

6.3 多接合タンデム型太陽電池

　単接合太陽電池の理論限界効率を打ち破るために研究されているものの一つに，**多接合タンデム型太陽電池**（multi-junction tandem solar cell）がある．これは波長に対する感度帯域を向上させるために，光の入射側から順にバンドギャップの大きいものから小さいものへと多層に積層し，接合部はトンネル接合を用いた構造を持つ．これにより，高エネルギー（短波長）の光は上層で吸収され，低エネルギー（長波長）の光は下層で吸収されるために，広いスペクトル範囲の太陽光を吸収して，透過損，熱損失を抑制して高効率に電子－正孔対を生成することが可能となる．最も単純なものは2接合型が挙げられるが，3接合，4接合と接合数を増加させるごとに太陽光スペクトルとの整合性の向上が望め，高効率化につながる．

　一方，課題も存在する．一般に，積層構造は多層に結晶成長するため，薄膜状の太陽電池は分厚くなる．一方，バンドギャップの異なる半導体は格子定数も異なる．端的にいえば，格子定数の大きな結晶ほどバンドギャップは小さい．バンドギャップの異なる半導体を多層に積層するということは，格子定数の異なる半導体結晶を積層することであり，接合のヘテロ界面には界面両側の結晶の格子定数の不整合に起因して，結晶膜厚に応じて大きなひずみが発生することになる．このひずみがある限界を超えると，結晶は格子どうしが規則正しく結合したエピタキシャル成長をしなくなり，結晶転移を生成して蓄積したひずみエネルギーを解放する．このような結晶転移の発生は光生成したキャリヤの再結合中心となるため好ましくない．したがって，ヘテロ接合部は格子不整合度の小さな半導体を組み合わせる必要がある．しかし，上に述べたように，バンドギャップと格子定数には相応の関係があり，実際に用いられる材料系は限定されたものとなる．

　一般的な多接合タンデム型太陽電池では，トップセル／ミドルセル／ボトムセルの順に，InGaP／GaAs／Ge や InGaP／GaAs／InGaAs が用いられる．しか

し，これらの材料は高価な金属を使っており，コストのかかる結晶成長技術を必要とするので，一般に材料コストが高くなる。そのため，化合物半導体系の多接合タンデム型太陽電池は商用よりは宇宙で利用されることが多い。

それでは，具体的に2接合タンデム型と3接合タンデム型太陽電池について変換効率を計算してみよう。

〔1〕 2接合タンデム型太陽電池

初めに最も単純な2接合型について述べる。それぞれのセルを光の入射側からc1,c2とする。この場合，電流-電圧の関係式は式(4.33)を用いて式(6.10)，(6.11)のように書き改める。

$$I^{c1} = qF_s^{c1} + \frac{qF_{c0}^{c1}}{f_c}\left\{1 - \exp\left(\frac{V}{V_c}\right)\right\} \tag{6.10}$$

$$I^{c2} = qF_s^{c2} + \frac{qF_{c0}^{c2}}{f_c}\left\{1 - \exp\left(\frac{V}{V_c}\right)\right\} \tag{6.11}$$

また，バンドギャップをそれぞれ E_1, E_2 ($E_1 > E_2$) とする。E_1 以上のエネルギーを持つ光は，上層のセルc1ですべて吸収される。また，セルc1に吸収されずに通過した E_1 より小さいエネルギーを持つものの中で，E_2 以上のエネルギーの光が，下層のセルc2で吸収される。これまで用いてきた $P_{\text{flux}}(\nu_g, T_s)$ はバンドギャップと太陽の温度の関数であったが，太陽光の吸収の仮定により各バンド間で積分範囲が異なる。よって，ここでは積分範囲の終点を変数に加えて $P_{\text{flux}}(\nu_g, 終点, T_s)$ と表す。これを考慮して，それぞれのセルにおける太陽光による電子-正孔対の生成数 F_s を式(4.4)より定義する。太陽光による電子-正孔対の生成数 F_s は，c1とc2に対してそれぞれ式(6.12)，(6.13)のようになる。

$$F_s^{c1} = P_{\text{flux}}(\nu_{c1}, \infty, T_s) \times \pi \times f_\omega \tag{6.12}$$

$$F_s^{c2} = P_{\text{flux}}(\nu_{c2}, \nu_{c1}, T_s) \times \pi \times f_\omega \tag{6.13}$$

太陽電池自体による電子-正孔対の生成数 F_{c0} に関しても同様であり，c1，c2に対してそれぞれ式(6.14)，(6.15)のようになる。

$$F_{c0}^{c1} = P_{\text{flux}}(\nu_{c1}, \infty, T_c) \times 2\pi \tag{6.14}$$

$$F_{c0}^{c2} = P_{\text{flux}}(\nu_{c2}, \nu_{c1}, T_c) \times 2\pi \qquad (6.15)$$

ここで，太陽電池の裏面に完全鏡を設置するものとすると，F_{c0} は表面からだけ入射するので，F_{c0} の値が半分となる．これを考慮したうえで，太陽電池自体による電子－正孔対の生成数は式 (6.16)，(6.17) のようになる．

$$F_{c0}^{c1} = P_{\text{flux}}(\nu_{c1}, \infty, T_c) \times \pi \qquad (6.16)$$

$$F_{c0}^{c2} = P_{\text{flux}}(\nu_{c2}, \nu_{c1}, T_c) \times \pi \qquad (6.17)$$

つぎに，電流－電圧の関係を求める．2接合タンデム型太陽電池において二つのセル c1 と c2 はトンネル接合されているので，それぞれのセルを流れる電流の大きさは同じでなければならない．よって

$$I^{\text{total}} = I^{c1} = I^{c2} \qquad (6.18)$$

と表される．また電圧は，各セルの持つ電圧の和で表すことができる．

$$V^{\text{total}} = V^{c1} + V^{c2} \qquad (6.19)$$

実際に変換効率を計算する際には，電流と電圧の積で表される出力が最大になるように，式 (6.18) を満たす電流 I^{total} と式 (6.19) を満たす V^{total} を求める．

このようにして，さまざまなバンドギャップの半導体を組み合わせた2接合タンデム型太陽電池について，変換効率を計算した結果を図 6.9（非集光時），図 6.10（最大集光時）に示す．横軸にセル c1 のバンドギャップ E_1，縦軸にセ

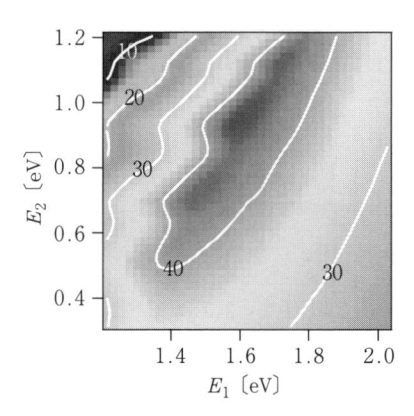

図 6.9 非集光時における2接合タンデム型太陽電池の変換効率（口絵 1）

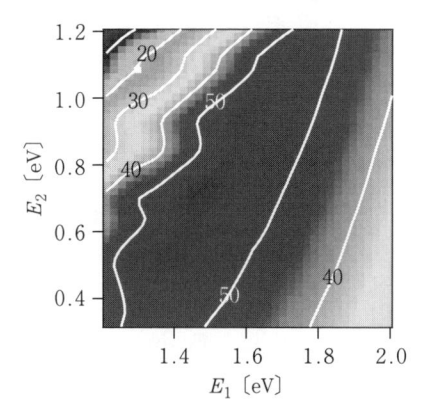

図 6.10 最大集光時における2接合タンデム型太陽電池の変換効率（口絵 2）

ル c2 のバンドギャップ E_2 をとり，変換効率を等高図で示している（「口絵」
[1]～[9]に，カラーイメージによる等高図を示す）。太陽光スペクトルには AM
1.5 を用いた。

非集光時は，$E_1 = 1.58$ eV，$E_2 = 0.94$ eV において，最大の変換効率 45.4%
を示す。集光時は，$E_1 = 1.44$ eV，$E_2 = 0.70$ eV において，最大の変換効率
59.9% に達する。これらの計算結果は，これまで考察してきた単接合太陽電池
の変換効率を大きく上回っており，非集光時 30.5%，集光時 44.3% であった
S-Q限界値をいずれも超えている。

〔2〕 3接合タンデム型太陽電池

3接合タンデム型についても2接合タンデム型とまったく同様に計算でき
る。光の入射側から順にセルの名前を c1, c2, c3 とし，そのバンドギャップ
を E_1, E_2, E_3 ($E_1 > E_2 > E_3$) とする。この計算では，ボトムセルである c3 に
は一般的によく利用されているゲルマニウム（Ge）を用いて，$E_3 = 0.66$ eV で
計算を行った。

3接合タンデム型太陽電池の非集光時，最大集光時の変換効率の計算結果を
図 6.11 と図 6.12 にそれぞれ示す。横軸にセル c1 のバンドギャップ E_1，縦軸

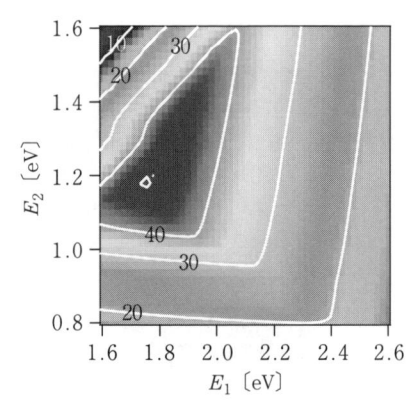

ボトムセルには一般的によく利用されている
Ge を用いて，$E_3 = 0.66$ eV で計算を行った。

図 6.11 非集光時における3接合タンデム
型太陽電池の変換効率（口絵[3]）

ボトムセルには一般的によく利用されている
Ge を用いて，$E_3 = 0.66$ eV で計算を行った。

図 6.12 最大集光時における3接合タン
デム型太陽電池の変換効率（口絵[4]）

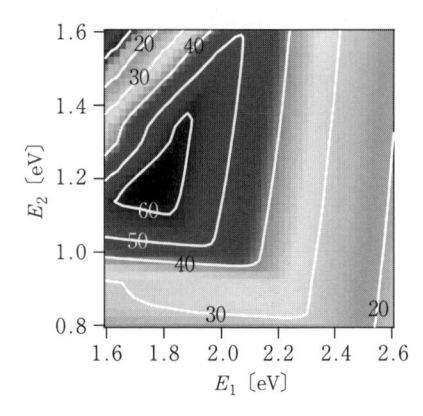

にセル c2 のバンドギャップ E_2 を示している。太陽光スペクトルには AM 1.5 を用いた。非集光時は，$E_1 = 1.76$ eV，$E_2 = 1.18$ eV において，最大の変換効率 50.3％を示す。最大集光時は，$E_1 = 1.76$ eV，$E_2 = 1.18$ eV において，最大の変換効率 66.4％を示す。3 接合にすることによって，変換効率は一段と大きくなり，最大集光時には 66.4％に達している。このような変換効率の上昇は接合数を増やせば増やすほど理論的にはどんどん大きくなる。しかし，実際は先に述べたように，格子定数の異なる半導体結晶を過度に積層して成長すると，ひずみエネルギーの蓄積が限界を超え，結晶転移のない結晶成長が実質的に困難になる。現在の最大の変換効率は 3 接合太陽電池で得られている。

6.4 中間バンド型太陽電池

タンデム型太陽電池とは異なる方針で，S-Q 限界を超える理論変換効率を有するのが**中間バンド型太陽電池**（intermediate band solar cell）（図 6.13）である。中間バンド型太陽電池では価電子バンドと伝導バンドの間に人工的に中間バンドを形成することで，価電子バンドから中間バンド，中間バンドから伝導バンドへの遷移を通して，従来の単接合 pn 接合では透過損となっていた太陽光を吸収する。

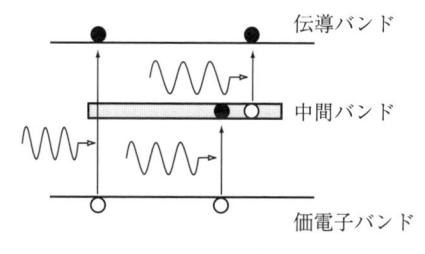

図 6.13　中間バンド型太陽電池の概念図

これはスペインのマドリード工科大学の A. Luque と A. Marti による論文[†]
「Increasing the efficiency of ideal solar cells by photon induced transitions at inter-

---

[†] A. Luque, and A. Marti, Physical Review Letters, vol. 78, no. 26, pp. 5014〜5017 (1997)

mediate levels」，において初めて提案されたものであり，最大で理論変換効率がなんと 63.1％となることが証明され，研究者を魅了している太陽電池構造の一つである。中間バンド型太陽電池は高変換効率かつ，多接合タンデム型太陽電池の欠点であるシリーズ結合特性の欠点を補うタイプの太陽電池として注目されている。

タンデム型太陽電池では異なるバンドギャップを持った接合がシリーズに積層されている。そのため積層した接合のうちどれか一つでも停止すると，発電しなくなる。例えば，曇った天気の日には，雲による散乱や吸収のため一部の光が届きにくくなる。これによって，もしいずれかの層の太陽電池の発電能力が低下することになれば，他層の太陽電池がたとえ十分機能していても，このダメージを受けている層を流れる電流が低下してボトルネックとなり，太陽電池全体が機能不全になる。

それに対して，中間バンド型太陽電池ではバンドギャップ中に新たなバンド（いわゆる中間バンド）を設けることによって，透過損を抑える構造になっている。バンド間による光吸収と中間バンドを介した光吸収は並行して起こるために，多接合タンデム型太陽電池の場合に問題となる曇りのときの発電停止には陥らない。

この中間バンド型太陽電池の変換効率を，詳細平衡限界の効率の考え方を使って求めてみよう。

まず，バンドが一つ増えたので，それを区別するため，式の上付き文字として，VC で価電子バンド–伝導帯バンド間，VI で価電子バンド–中間バンド間，IC で中間バンド–伝導バンド間を表すものとする。これを適用すると電流–電圧の関係式 (4.21) は式 (6.20) のように書き改められる。

$$I^{\mathrm{VC}} = qF_s^{\mathrm{VC}} + \frac{qF_{c0}^{\mathrm{VC}}}{f_c}\left\{1 - \exp\left(\frac{V}{V_c}\right)\right\} \quad (6.20)$$

以後，適宜上付き文字を加えていく。

つぎに，太陽光が各バンド間でどのように吸収されていくのかを考えていく必要がある。ここでは簡単のためにタンデム型太陽電池と同じように，バンド

ギャップが大きい順に太陽光が十分に吸収されるとし,太陽光スペクトルの吸収に重なりはないものとする。この条件のもとに,太陽光による電子 – 正孔対の生成数 F_s について見ていく。F_s は式 (4.4) により

$$F_s^{VC} = P_{\text{flux}}(\nu_g, T_s) \times \pi \times f_\omega \tag{6.21}$$

$$P_{\text{flux}}(\nu_g, T_s) \equiv \int_{\nu_g}^{\infty} \frac{2}{c^2} \cdot \frac{\nu^2}{\exp\left(\frac{h\nu}{kT_s}\right) - 1} d\nu \tag{4.3}$$

で表された。$P_{\text{flux}}(\nu_g, T_s)$ はバンドギャップと太陽の温度の関数であったが,太陽光の吸収の仮定により各バンド間で積分範囲が異なる。よって,積分範囲の終点を変数に加えて $P_{\text{flux}}(\nu_g, \infty, T_s)$ と表す。価電子バンド – 伝導バンド間での電子 – 正孔対の生成数 F_s^{VC} は

$$F_s^{VC} = P_{\text{flux}}(\nu_g, \infty, T_s) \times \pi \times f_\omega \tag{6.22}$$

と表される。

いま,価電子バンド – 中間バンドのバンドギャップのほうが中間バンド – 伝導バンド間のバンドギャップより大きいと考えると,価電子バンド – 中間バンド間での電子 – 正孔対の生成数 F_s^{VI} は,ν_{VI} を価電子バンド – 中間バンド間のエネルギーに対応する周波数とし

$$F_s^{VI} = P_{\text{flux}}(\nu_{VI}, \nu_g, T_s) \times \pi \times f_\omega \tag{6.23}$$

と表される。

同様に,中間バンド – 伝導バンド間での電子 – 正孔対の生成数 F_s^{IC} は,ν_{IC} を中間バンド – 伝導バンド間のエネルギーに対応する周波数とし

$$F_s^{IC} = P_{\text{flux}}(\nu_{IC}, \nu_{VI}, T_s) \times \pi \times f_\omega \tag{6.24}$$

で表すことができる。このとき周波数に対してエネルギーギャップの関係から

$$\nu_g = \nu_{VI} + \nu_{IC} \tag{6.25}$$

が成り立つ。

太陽電池自体の温度 T_c による電子 – 正孔対の生成数 F_{c0} にも同様のことがいえるので

$$F_{c0}^{VC} = P_{\text{flux}}(\nu_g, \infty, T_c) \times 2\pi \tag{6.26}$$

となる．ここで，平板の太陽電池の裏面に完全鏡が設置されていると仮定すると，この F_{c0} は表面からのみしか入射できないため，F_{c0} が半分になる．よって，各バンド間の F_{c0} は式 (6.27)〜(6.29) のように表される．

$$F_{c0}^{\mathrm{VC}} = P_{\mathrm{flux}}(\nu_g, \infty, T_c) \times \pi \tag{6.27}$$

$$F_{c0}^{\mathrm{VI}} = P_{\mathrm{flux}}(\nu_{\mathrm{VI}}, \nu_g, T_c) \times \pi \tag{6.28}$$

$$F_{c0}^{\mathrm{IC}} = P_{\mathrm{flux}}(\nu_{\mathrm{IC}}, \nu_{\mathrm{VI}}, T_c) \times \pi \tag{6.29}$$

以上を踏まえたうえで，中間バンド型太陽電池の電圧 - 電流の関係式を導出していこう．まず，**図 6.14** のように伝導バンドに着目する．

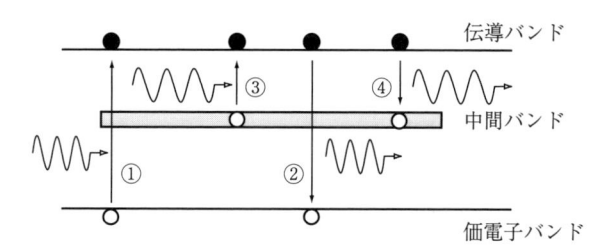

図 6.14 伝導バンドに注目したキャリヤ生成・再結合のバランス

詳細平衡モデルでは，f_c は 1 として，電子 - 正孔対の生成は輻射のみによって生じるとし，非輻射過程は考慮しない．したがって，つぎの四つの過程をバランスする過程を考えればよい．

① 価電子バンド - 伝導バンド間での電子 - 正孔対の生成数
② 伝導バンド - 価電子バンド間での電子 - 正孔対の輻射再結合数
③ 中間バンド - 伝導バンド間での電子 - 正孔対の生成数
④ 伝導バンド - 中間バンド間での電子 - 正孔対の輻射再結合数

これらの遷移と実際に取り出せる全電流 I^{total} との関係は

$$I^{\mathrm{total}} = ① - ② + ③ - ④ = I^{\mathrm{VC}} + I^{\mathrm{IC}} \tag{6.30}$$

となり，①-② は従来の単接合太陽電池の電流 - 電圧の関係式と同じであり，③-④ も擬フェルミ準位の扱いが異なるだけで，中間バンド間との電流 - 電圧の関係式とみなすことができる．よって，I^{total} は伝導バンドから取り出すこ

とのできる電流で，価電子バンドからの遷移で取り出せる電流 I^{VC} と，中間バンドからの遷移で取り出せる電流の足し算 I^{IC} である。中間バンド－伝導バンド間の電流 I^{IC} では中間バンドの擬フェルミ準位を新たに設定する必要があり，中間バンドの擬フェルミ準位を V_{i} とすると

$$I^{\mathrm{IC}} = qF_s^{\mathrm{IC}} + \frac{qF_{c0}^{\mathrm{IC}}}{f_c}\left\{1 - \exp\left(\frac{V_{\mathrm{n}} - V_{\mathrm{i}}}{V_c}\right)\right\} \tag{6.31}$$

で表すことができる。なお，V_{n} は電子の擬フェルミ準位であり，後に出てくる V_{p} は正孔の擬フェルミ準位である。

つぎに，中間バンドに注目すると，電流は中間バンドからは取り出すことができないので，図 6.15 ように価電子バンド－中間バンド間で遷移する電子と，中間バンド－伝導バンド間で遷移する電子の数が保存されなければならない。

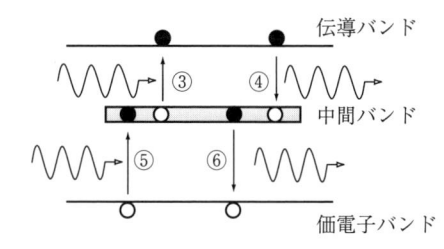

中間バンドからは電流を取り出すことができないので，①～④ の遷移が保存され，電流整合がとれていなければならない。

図 6.15　中間バンドに注目した電子の遷移

よって，図中の番号はそれぞれ

③　中間バンド－伝導バンド間での電子－正孔対の生成数
④　伝導バンド－中間バンド間での電子－正孔対の輻射再結合数
⑤　価電子バンド－中間バンド間での電子－正孔対の生成数
⑥　中間バンド－価電子バンド間での電子－正孔対の輻射再結合数

に対応し，番号を用いて式を表すと

$$③ - ④ = ⑤ - ⑥ \tag{6.32}$$

すなわち

$$I^{\mathrm{IC}} = I^{\mathrm{VI}} \tag{6.33}$$

である。中間バンド型太陽電池では，価電子バンド－中間バンド間のバンドギャップを持つ太陽電池と，中間バンド－伝導バンド間のバンドギャップを持

つ太陽電池の二つの太陽電池を考えた場合に，両方の太陽電池から取り出せる電流が同じでなければならない（電流整合がとれている）ということを示している。

また，価電子バンド–中間バンド間のバンドギャップを持つ太陽電池と，中間バンド–伝導バンド間のバンドギャップを持つ太陽電池の電圧の和が

$$V^{VI} + V^{IC} = V_n - V_i + V_i - V_p$$
$$= V_n - V_p$$
$$= V^{VC} \tag{6.34}$$

であることから，価電子バンド–伝導バンド間のバンドギャップを持つ太陽電池の電圧が，価電子バンド–中間バンド間のバンドギャップを持つ太陽電池の電圧と中間バンド–伝導バンド間のバンドギャップを持つ太陽電池の電圧の和と等しくなる。

以上の条件から，中間バンド型太陽電池は図6.16のような三つの太陽電池からなる等価回路で表すことができる。VCセルは価電子バンド–伝導バンド間のバンドギャップを持つ太陽電池，VIセルは価電子バンド–中間バンド間のバンドギャップを持つ太陽電池，そしてICセルは中間バンド–伝導バンド間のバンドギャップを持つ太陽電池である。ここでは独立した三つの太陽電池に式(6.22)〜(6.29)で与えられる電子–正孔対の生成数を考えて計算を進める。実際に変換効率を計算する際には，電流と電圧の積で表される出力が最大になるように，式(6.30)を満たす電流I^{total}と式(6.34)を満たすV^{VC}を求める。

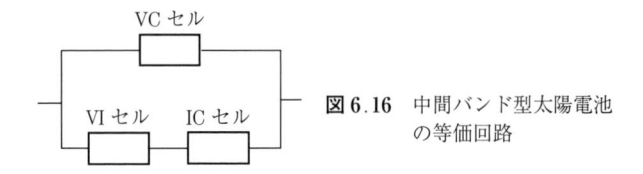

図6.16 中間バンド型太陽電池の等価回路

中間バンド型太陽電池の変換効率を計算した結果を図6.17と図6.18に示す。横軸が伝導バンド–価電子バンド間のバンドギャップ，縦軸が伝導バンド–中間バンド間のバンドギャップを示しており，変換効率を等高図で表してい

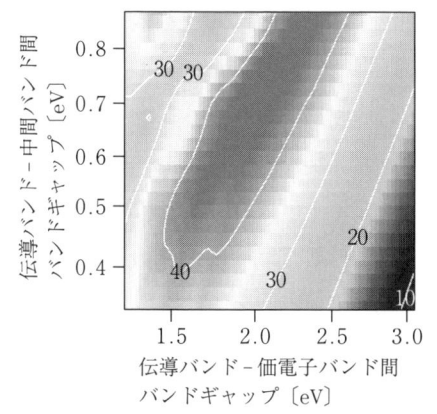

6.4 中間バンド型太陽電池

図 6.17 中間バンド型太陽電池の変換効率
（AM 1.5, 非集光）（口絵 5）

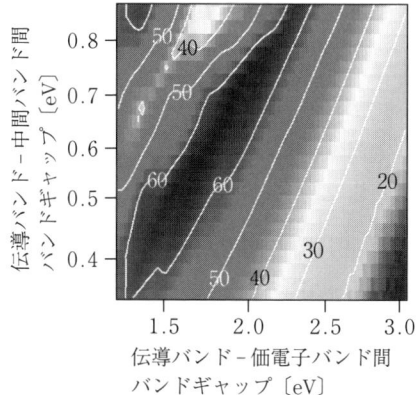

伝導バンド – 価電子バンド間のバンドギャップが 2.1 eV, 伝導バンド – 中間バンド間バンドギャップが 0.75 eV のとき, 最大変換効率 48.2% となる。

図 6.18 中間バンド型太陽電池の変換効率
（AM 1.5, 最大集光）（口絵 6）

伝導バンド – 価電子バンド間のバンドギャップが 1.93 eV, 伝導バンド – 中間バンド間バンドギャップが 0.70 eV のとき, 最大変換効率 67.7% となる。

る。図 6.17 は AM 1.5 を非集光で計算したもので, 最高変換効率は伝導バンド – 価電子バンド間のバンドギャップが 2.1 eV, 伝導バンド – 中間バンド間バンドギャップが 0.75 eV のとき 48.2% となる。図 6.18 は AM 1.5 を最大集光率 $X_{max} = 45\,900$ で計算したもので, 最高変換効率は伝導バンド – 価電子バンド間のバンドギャップが 1.93 eV, 伝導バンド – 中間バンド間バンドギャップが 0.70 eV のとき 67.7% となる。集光型にすると, 伝導バンド – 価電子バンド間のバンドギャップが小さいほうが, 効率向上の効果が高いことがわかる。

それでは実際にどのようにして半導体バンドギャップ中に中間バンドを形成させるのか。中間バンドの形成方法についてはまだ研究段階であり, ここでは現在検討されている代表的なものである, ナノスケールの量子構造を利用する方法と不純物を利用する方法について簡単に紹介しておこう。

量子構造とは, 一般的にナノスケールの小さな空間に電子や正孔を閉じ込めたときに現れる量子力学的な離散的エネルギー状態を有するものをいう。このナノスケールの小さなサイズの量子構造を**量子ナノ構造**といい, 二次元の自由

度を持つ**量子井戸**（quantum well），一次元の自由度を持つ**量子細線**（quantum wire），そしてどの方向にも自由度がない**量子ドット**（quantum dot）がある。

　量子井戸は半導体レーザや受光素子などに広く用いられている。中間バンド型太陽電池では，中間バンドから伝導バンドに光学遷移する必要がある。しかし，量子井戸構造では，太陽電池の表面に対して垂直入射する光に対して，中間バンドから伝導バンドへの遷移が遷移の選択則（selection rule）により禁制，つまり遷移できないのである。また，光の入射方向を傾けても，太陽電池に用いる材料の屈折率が空気の屈折率に比べ大きいため，スネルの法則によって，太陽電池の内部に入る光は垂直入射に近い方向へ屈折する。

　一方，量子ドットの場合は，この選択則が緩和され，中間バンドから伝導バンドに光学遷移する。ところが今度は量子ドットが全方位に閉じ込められた構造であるために，個々の量子ドットのエネルギー状態は独立にばらばらであって，電子の状態数が小さく，有限のエネルギーの幅を持ったバンドを形成していない。よって，量子ドットどうしを近づけて，バンドを形成させる。これが**量子ドット超格子**[†1]と呼ばれるものである。量子ドットには制御して作製できる InAs がよく用いられている。

　一方，不純物準位を用いる代表的な材料には，インジウム（In）をドーピングした Si[†2]，GaAs に窒素（N）をドープした GaNAs[†3]，ZnTe に酸素（O）をドープした ZnTeO[†4] などがある。これらの材料系は不純物とホスト半導体との結晶学的，電子的物性が大きく異なることから，**高不整合合金**（highly mismatched alloy）と呼ばれている。いずれもホスト半導体バンドギャップ中に不純物が創り出すエネルギー準位を中間バンドとして用いている。

[†1] 岡田至崇：量子ドット太陽電池，工業調査会（2010）
[†2] M. J. Keevers, and M. A. Green, Journal of Applied Physics, vol. 75, no. 8, pp. 4022～4031（1994）
[†3] N. Lopez, L. A. Reichertz, K. M. Yu, K. Campman, and W. Walukiewicz, Physical Review Letters, vol. 106, no. 2, Paper Number 28701（2011）
[†4] K. M. Yu, W. Walukiewicz, J. Wu, W. Shan, J. W. Beeman, M.A. Scarpulla, O. D. Dubon, and P. Becla, Physical Review Letters, vol. 91, no. 24, Paper Number 246403（2003）

6.5 光増感太陽電池

太陽電池の変換効率を向上させるには，紫外から赤外まで幅広く分布する太陽光をむだなく利用することである．6.3節と6.4節で計算したタンデム型太陽電池や中間バンド型太陽電池では，太陽電池を太陽光スペクトルに合わせて改良することで変換効率を向上させている．

それに対して**光増感太陽電池**では，太陽電池を改良することなく，逆に太陽光スペクトル自体を成形して太陽電池に合わせることで変換効率を向上させることができる．

光増感太陽電池には，複数の低エネルギー光子を高エネルギー光子に変換することで透過損を軽減する**アップコンバージョン**（upconversion）を利用した光増感太陽電池と，高エネルギー光子を複数の低エネルギー光子に変換することで熱損失を軽減する**ダウンコンバージョン**（downconversion）を利用した光増感太陽電池が考えられる．

ここでは例として，ダウンコンバージョンを利用した光増感太陽電池の変換効率を計算してみよう．

図 6.19のように太陽電池の前面にダウンコンバージョン層があり，太陽光スペクトルとして AM 1.5 太陽光を考える．また，太陽電池のバンドギャップを E_g とした場合のダウンコンバージョン層のバンドギャップを $2E_g$ と仮定す

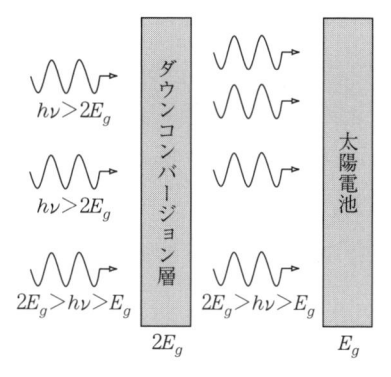

図 6.19 ダウンコンバージョンを利用した光増感太陽電池の概念図

る。入射した太陽光のうち $2E_g$ 以上のエネルギーを持つ光はダウンコンバージョン層で吸収され，$2E_g$ 以下のエネルギーを持つ光はダウンコンバージョン層を透過して，太陽電池に到達する。ダウンコンバージョン層に吸収された光子はエネルギー変換効率 η_{DC} に基づいて波長変換され，かつ波長変換された光子はすべて太陽電池に入射されると仮定する。

図 6.19 のような単純な配置では，ダウンコンバージョン層の太陽電池側と入射側に等しく光子が放出されるため，ダウンコンバージョン層で波長変換した光がすべて太陽電池に入射するとした仮定は現実には実現が難しいが，ここでは簡単のため，波長変換した光がすべて太陽電池に入るために何らかの工夫をしたとして考える。

例えば，η_{DC} が100％の場合，n 個の $2E_g$ 以上の光子がダウンコンバージョン層に入射すると，何も特別なことは起こらず，数はそのまま n 個でダウンコンバージョン層内で単純にエネルギーを失って E_g となった光子が放出される。η_{DC} が200％の場合は，n 個の $2E_g$ 以上の光子がダウンコンバージョン層に入射すると，一つの光子がエネルギーが半分の E_g となった光子に2分割される。ダウンコンバージョン層から放出される光子数は合計 $2n$ 個となり，これが太陽電池に入ることによって，それまで半導体内で熱として失っていたエネルギーが有効に利用できる。$3E_g$ 以上の光子が入射される場合は，さらに顕著な効果が期待できる。

いずれにしても，ダウンコンバージョン層で波長変換した光がすべて太陽電池に入射すると仮定するなら，η_{DC} が100％以上であれば効果が期待できる。このようなダウンコンバージョンは希土類イオン（rare-earth ion）を利用した研究が多く実施されている[†]。このダウンコンバージョンによる太陽光スペクトル成形のアイデアで重要なことは，光子の余剰エネルギーを太陽電池に入射する光子数の増加につなげていることである。

それでは，図 6.19 のモデルで説明していこう。6.1 節で説明した考え方を

[†] Song Ye, Bin Zhu, Jingxin Chen, Jin Luo, and Jian Rong Qiu, Applied Physics Letters, vol. 92, no.14, Paper Number 141112（2008）

応用すると，ダウンコンバージョン層に吸収される光子数は

$$\int_0^{\lambda_{2E_g}} N(\lambda) d\lambda$$

となる．また，ダウンコンバージョン層を透過して太陽電池に吸収される光子数は

$$\int_{\lambda_{2E_g}}^{\lambda_{E_g}} N(\lambda) d\lambda$$

となる．最終的に，ダウンコンバージョン層を通過して，太陽電池に吸収される光子数は，エネルギー変換効率 η_{DC} を用いると

$$\eta_{DC} \int_0^{\lambda_{2E_g}} N(\lambda) d\lambda + \int_{\lambda_{2E_g}}^{\lambda_{E_g}} N(\lambda) d\lambda$$

と表される．3.4節において，バンドギャップ以上の太陽光が電子 - 正孔対を生成する確率 $t_s=1$ としているため，太陽光による電子 - 正孔対の生成数 F_s は式（6.35）のように表される．

$$F_s = \eta_{DC} \int_0^{\lambda_{2E_g}} N(\lambda) d\lambda + \int_{\lambda_{2E_g}}^{\lambda_{E_g}} N(\lambda) d\lambda \tag{6.35}$$

ダウンコンバージョンを利用した光増感太陽電池の変換効率の計算は，6.1節で説明した単接合太陽電池の変換効率と同様にして計算できる．このため式（5.20）を用いて詳細平衡時の変換効率を計算できる．

$$\eta = u(\nu_g, T_s) \times v(x_g, x_c, f) \times FF \tag{5.20}$$

まずは，理想太陽電池の変換効率 u を求める．理想太陽電池の変換効率を式（6.35）を用いて表すと，式（6.36）のようになる．

$$u(E_g(\lambda)) = \frac{h\nu_g \left\{ \eta_{DC} \int_0^{\lambda_{2E_g}} N(\lambda) d\lambda + \int_{\lambda_{2E_g}}^{\lambda_{E_g}} N(\lambda) d\lambda \right\}}{\int_0^\infty N(\lambda) \times h\nu d\lambda} \times 100 \tag{6.36}$$

つぎに，式（4.29）を使って開放電圧 V_{op} を求める．式（4.29）中の $f_\omega \pi P_{flux}(\nu_g, T_s)$ を式（6.35）を用いて置き換えることで，ダウンコンバージョンを考慮した場合の開放電圧 V_{op} が式（6.37）のように求まる．

$$V_{\text{op}} = V_c \ln\left[f_c \left\{ \frac{\eta_{\text{DC}} \int_0^{\lambda_{2E_g}} N(\lambda)\,d\lambda + \int_{\lambda_{2E_g}}^{\lambda_{E_g}} N(\lambda)\,d\lambda}{2\pi P_{\text{flux}}(\nu_g, T_c)} \right\} \right] \tag{6.37}$$

6.1節で説明したように,この修正された開放電圧から $\nu(x_g, x_c, f)$ と FF が求まるため,詳細平衡時の変換効率を計算することができる。

図6.20にダウンコンバージョンを利用した光増感太陽電池の変換効率を示す。

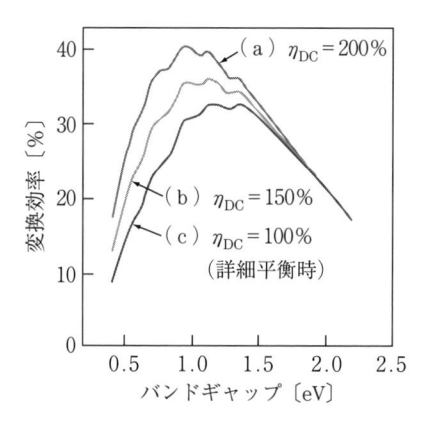

図6.20 η_{DC} を変化させた場合のダウンコンバージョンを利用した光増感太陽電池の非集光時の変換効率

また,以下にこの計算で使用する関係式を整理して示す。

$$u(E_g(\lambda)) = \frac{h\nu_g \left\{ \eta_{\text{DC}} \int_0^{\lambda_{2E_g}} N(\lambda)\,d\lambda + \int_{\lambda_{2E_g}}^{\lambda_{E_g}} N(\lambda)\,d\lambda \right\}}{\int_0^\infty N(\lambda) \times h\nu\,d\lambda} \times 100 \tag{6.36}$$

$$\nu(x_g, x_c, f) \equiv \frac{V_{\text{op}}}{V_g}$$

$$= \left(\frac{V_c}{V_g}\right) \ln\left[\frac{f_c \left\{ \eta_{\text{DC}} \int_0^{\lambda_{2E_g}} N(\lambda)\,d\lambda + \int_{\lambda_{2E_g}}^{\lambda_{E_g}} N(\lambda)\,d\lambda \right\}}{2\pi \left(\frac{2k^3 T_c^3}{h^3 c^2}\right) \int_{x_g/x_c}^\infty \frac{x^2 dx}{\exp(x)-1}} \right]$$

$$(4.34) \sim (4.37),\ (6.37)$$

$$x_g = \frac{E_g}{kT_s}, \quad x_c = \frac{T_c}{T_s}$$

$$FF \equiv \frac{I(V_{\max}) V_{\max}}{I_{\text{sh}} V_{\text{op}}}$$

$$= \frac{z_\mathrm{m}^2}{\{1+z_\mathrm{m}-\exp(-z_\mathrm{m})\}\{z_\mathrm{m}+\ln(1+z_\mathrm{m})\}} \tag{5.19}$$

$$z_\mathrm{op} = \frac{V_\mathrm{op}}{V_c} = z_\mathrm{m}+\ln(1+z_\mathrm{m}) \tag{5.10}, (5.11)$$

ここで,太陽の温度 T_s は 6 000 K,太陽電池の温度 T_c は 300 K,$f=1.09\times 10^{-5}$ ($f_c=1$, $f_\omega=2.18\times 10^{-5}$) とした.また,$\lambda_{E_g}$ はエネルギーギャップに対応する波長,$N(\lambda)$ は単位面積,単位時間に入ってくるフォトン流量,η_DC はエネルギー変換効率である.

図 6.20 から太陽電池のバンドギャップが 0.94 eV のときに変換効率が 40.5% に達することがわかる.これは 6.1 節で求めた単接合太陽電池の最大理論効率 32.7% と比較すると,変換効率が 8% 程度向上することを示している.出力の電圧は変わらないが,増感により電流が増加することで変換効率が向上している.これらの結果より,0.94 eV 付近にバンドギャップを持つ半導体が最適である.Si 太陽電池はバンドギャップが約 1.1 eV であるので,ダウンコンバージョンを利用した光増感太陽電池にはたいへん適している.

ところで,ここまでの話では,バンドギャップ以上のフォトンの過剰なエネルギーを「光子の分割」によって有効に使うことを考えてきた.同じように,過剰なエネルギーのフォトンが半導体に入射するときに一対以上の電子－正孔対を生成することを考えてもよい.このような現象は半導体のナノ構造を使うと効果的に出現することが最近の研究の結果[†],明らかになりつつある.

6.6 天候の影響

これまでの議論では,太陽光は一点の曇りもなく宇宙から地上に燦々と降り注いでいるとして考えてきた.しかし,いつも晴れている日ばかりではなく,1 年を通じて曇りの日もあれば雨や雪の日もある.そのようなときにでも,太

[†] R. D. Schaller, and V. I. Klimov, Physical Review Letters, vol. 92, no.18, Paper Number 186601 (2004), V. I. Klimov, Applied Physics Letters, vol. 89, Paper Number 123118 (2006)

6. 太陽電池効率の実際の計算

陽電池を設置する地域の天候に適した条件で太陽電池構造を設計するためには，天候が太陽電池の変換効率や発電量に及ぼす影響を明らかにしておかなければならない。曇りや雨の日には太陽電池に入射する太陽光が減少するため，太陽電池の発電量が減少してしまう。この節では曇りの日における変換効率と発電量を求めて，6章で明らかにしてきた AM 1.5 下での計算結果と比較することにより，天候の変化が太陽電池の特性にどのような影響を与えるかを考えよう。

曇りの日には，太陽からの光が雲によって遮られるため，地表に到達する光の量が減少する。曇りの日の太陽光スペクトルの一例を，比較のための AM1.5 とともに図 6.21 に示す。放射照度のデータは，米国 National Renewable Energy Laboratory (NREL), Electricity, Resources, and Building Systems Integration Center によるスペクトルモデラー「SPCTRAL 2」[†] によって算出したものを使用している。なお「SPCTRAL 2」は大気の状態をパラメータとして，地表に届く太陽光スペクトルを算出するモデラーであるが，大気と雲はともに微粒子の集まりであり，太陽光スペクトルに与える影響は似通っている。そのためこの節では，SPCTRAL 2 で計算した大気が，雲の状態を近似的に表すとして計算した。このスペクトルの場合，放射照度の 0～3 000 nm における

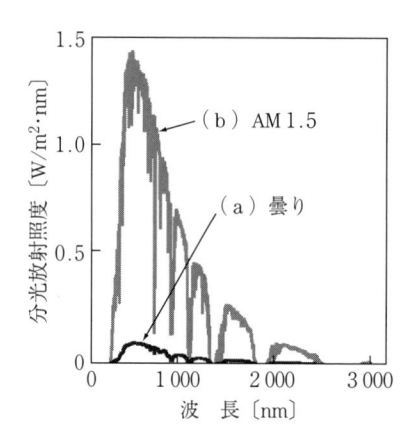

曇りの太陽光の全エネルギーは AM 1.5 の約 17 分の 1 となる。

図 6.21 曇りの日の太陽光スペクトルと AM 1.5 のスペクトル

[†] http://rredc.nrel.gov/solar/models/spectral/ （2012 年 3 月現在）

積分値は 58 W/m² となり，AM 1.5 の約 17 分の 1 の値になる。これは，曇りの日の太陽光の全エネルギーが，AM 1.5 と比べて約 94％減少していることに相当する。

図 6.21 に示した曇りの日の太陽光スペクトルの相対的な形状を AM 1.5 の形状と比較するため，最大の分光放射強度が同じになるように規格化して表示したのが**図 6.22** である。

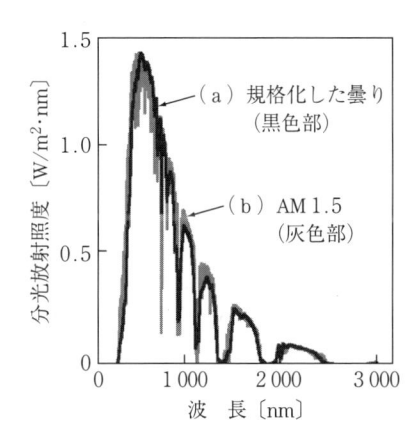

図 6.21 に示した曇りの日の太陽光スペクトルと AM 1.5 のスペクトルを最大の分光放射強度が同じになるように規格化して表示している。曇りの日には長波長側の太陽光成分が相対的に減衰している。

図 6.22 スペクトル形状の比較

曇りの日のスペクトルは AM 1.5 と比較して，長波長（低エネルギー）側の波長帯で相対的に減衰していることがわかる。

このような曇りの日の太陽光スペクトルが太陽電池に入射した場合に変換効率や発電量がどのように変化するかを見ていこう。ここでは，これまで求めてきた単接合太陽電池，多接合タンデム型太陽電池，中間バンド型太陽電池について，非集光の条件で計算した結果を比較する。

〔1〕 **単接合太陽電池**

単接合太陽電池の変換効率を**図 6.23** に示す。AM 1.5 の結果と比較して，曇りの日には変換効率が低下する。変換効率はバンドギャップが 1.39 eV のときに最大の 31％となる。特に，低エネルギー側での低下が著しく，変換効率が最大となるバンドギャップも若干シフトしている。また，曇りの日の太陽光の全エネルギーは AM 1.5 晴天時の 17 分の 1 程度であるので，これに伴って発

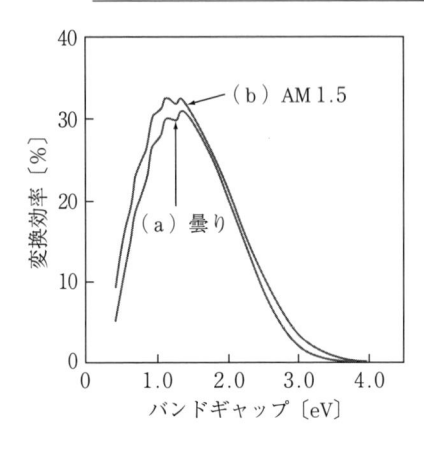

96   6. 太陽電池効率の実際の計算

曇りの日には，より大きなバンドギャップで最大の変換効率となる。変換効率は AM 1.5 時に比べ低下し，バンドギャップが 1.39 eV のときに最大の 31％となる。

図 6.23　曇りの日の太陽光スペクトル下で，非集光時の単接合太陽電池の変換効率

電量は大幅に下がる。発電量の大きな変化についてはあとで詳しく述べるが，曇りによる変換効率の低下はそれほど顕著ではない。これは 6.1 節で議論した AM 0 と AM 1.5 による変換効率の違いとよく似ている。AM 1.5 の理論変換効率が AM 0 の理論変換効率を上回る結果になったのは，AM 0 太陽光スペクトルと比べて，AM 1.5 の太陽光スペクトルでは，大気中の分子による散乱や吸収のために，紫外領域と近赤外領域の光の強度が減少しているためである。つまり，太陽電池で本来熱損失の原因となっていた紫外光と，透過損の原因となっていた赤外光が減少して，太陽光スペクトルと太陽電池との整合性が増大したのである。曇りの場合も，透過損となる近赤外領域で太陽光スペクトル強度が減衰し，熱損失となる紫外領域の影響が相対的に増すものの，太陽光スペクトルと太陽電池との整合性の向上によって変換効率の低下はそれほど著しくはない。AM 1.5 の場合と比較すると，曇りの日に変換効率が最大になるバンドギャップは，AM 1.5 の場合よりも大きくなる。雲によって太陽光スペクトルのうち近赤外領域の光が相対的に減少するので，AM 1.5 で整合のとれていたバンドギャップの値そのままでは，熱損失が相対的に増加してしまうことになる。よって，変換効率を大きく保つには，熱損失が少なくなる，つまり，曇りのときにはバンドギャップが大きいほうが都合がよくなる。

〔2〕 多接合タンデム型太陽電池

6.3節で取り挙げた2接合タンデム型太陽電池と3接合タンデム型太陽電池おいて，曇りの日の太陽光スペクトルがどのように影響するか調べてみよう。

図6.24は曇りの日の太陽光スペクトル下での非集光時の2接合タンデム型太陽電池の変換効率の計算結果である。横軸がトップセル，縦軸がボトムセルのバンドギャップである。変換効率は $E_1 = 1.62$ eV，$E_2 = 0.94$ eV のとき最大の42.2%となる。この曇りの日のスペクトルに最適なトップセルのバンドギャップはAM1.5の場合より大きくなった。図6.9に示したように，AM1.5では非集光時は，$E_1 = 1.58$ eV，$E_2 = 0.94$ eV において，最大の変換効率45.4%であった。

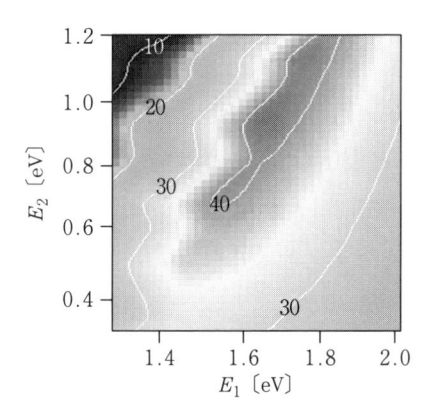

変換効率は，$E_1 = 1.62$ eV，$E_2 = 0.94$ eV のとき最大の42.2%となる。

図6.24 曇りの日の太陽光スペクトル下での非集光時の2接合タンデム型太陽電池の変換効率（口絵7）

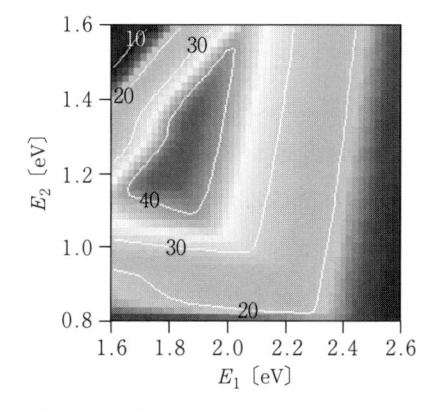

ボトムセル材料を Ge とし，バンドギャップは0.66 eV とした。$E_1 = 1.78$ eV，$E_2 = 1.2$ eV のとき最大の変換効率46.5%となる。

図6.25 曇りの日の太陽光スペクトル下での非集光時の3接合タンデム型太陽電池の変換効率（口絵8）

図6.25は曇りの日の太陽光スペクトル下での非集光時の3接合タンデム型太陽電池の変換効率の計算結果を示す。図6.11で計算したときと同様にボトムセルのバンドギャップは Ge の0.66 eV とし，トップセルとミドルセルのバンドギャップを変化させて変換効率を計算した。横軸がトップセル，縦軸がミ

ドルセルのバンドギャップである。図6.11に示したように，AM1.5の非集光時の変換効率は，$E_1 = 1.76$ eV, $E_2 = 1.18$ eVにおいて最大の50.3%であった。曇りの日に変換効率が最大となるバンドギャップは，トップセル，ミドルセルともにAM1.5の場合より大きくなり，$E_1 = 1.78$ eV, $E_2 = 1.2$ eVのとき最大の変換効率46.5%となる。AM1.5の場合と比較すると，曇りの日に変換効率が最大になるバンドギャップは，AM1.5の場合よりも総じて大きくなる。単接合の場合と同じように，雲によって太陽光スペクトルのうち近赤外領域の光が相対的に減少するので，バンドギャップを大きくして熱損失を抑えるほうが都合がよくなる。

〔3〕 **中間バンド型太陽電池**

6.4節で説明した非集光の中間バンド型太陽電池における曇りの日の変換効率の計算結果を**図6.26**に示す。6.4節のAM1.5の場合と比較して，変換効率は低下し，変換効率が最大となるバンドギャップはやはり大きくなる。AM1.5の場合と比較して，曇りの日に変換効率が最大となるバンドギャップの変化は，これまで比較してきたほかの構造の太陽電池ほど大きくない。最大の変換効率は，伝導バンド−価電子バンド間のバンドギャップが2.15 eV，伝導バンド−中間バンド間のバンドギャップが0.75 eVのときに43.9%となる。直並列混合構造の中間バンド型の場合，太陽光スペクトルの近赤外域の相対的な減

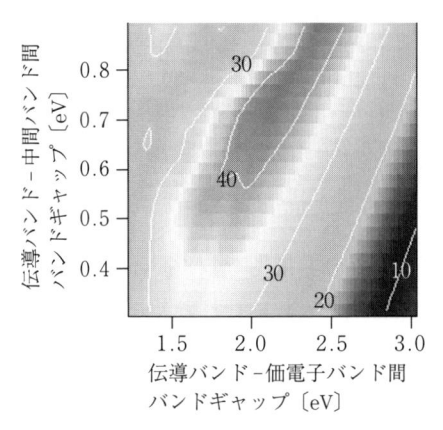

最大の変換効率は，伝導バンド−価電子バンド間のバンドギャップが2.15 eV，伝導バンド−中間バンド間バンドギャップが0.75 eVのときに43.9%となる。

図6.26 曇りの日の太陽光スペクトル下での非集光時の中間バンド型太陽電池の変換効率（口絵9）

少は，直列接合部分における電流を相対的に減少させる．

　ここまでは曇りの日の太陽光スペクトルの一例を取り上げ，天候の変化が太陽電池に与える影響について，最大の変換効率となるバンドギャップの値から考えてきた．雲のフィルタ効果によって太陽光のスペクトル構造が変化し，変換効率はわずかに低下した．しかしそれ以上に，曇りの日の太陽光の全エネルギーは晴天時より大幅に減るので，当然だが，発電量の減少は無視できないほど大きくなる．ここで注意が必要である．変換効率は太陽光スペクトルに大きく影響されて決まる．したがって，どのような曇りの状態を想定するかによって，これまでに述べてきた細部においてはやや異なる場合も出てくる．

　ここからは，まず晴れの日の太陽光スペクトルに最適化した太陽電池を想定して，そこに曇りの日の太陽光スペクトルが入射した場合の発電量と変換効率を計算し，曇りの影響を明らかにする．

　実際の計算結果を示していく前に，計算に用いる曇りの日の太陽光スペクトルについて少し詳しく説明しておく．この節の最初で，曇りの日の太陽光スペクトルは，AM 1.5 と比べると減衰していることを述べた．それは雲による散乱や吸収のためであるが，減衰の程度は雲の成分や厚みによって異なる．雲のおもな成分は，水滴や小さな塵であり，直射光の一部を水滴は吸収し，塵は太陽光を散乱させる．その影響の程度は波長に依存し，太陽光スペクトルの形状を変化させる．ここでは，一般的な「曇り」の範囲内で，それぞれの量を変化させた場合の太陽光スペクトルを取り上げ，まずはそのスペクトル形状の変化を見ていく．

　なお，状況をイメージしやすくするために，これ以降，塵の量は**雲の厚み**，水滴の量は**水分量**とする．塵の量が増えることは雲の厚みが増すことに相当し，雲に入射した光は塵による散乱を大きく受けて減衰することになる．その減衰の程度は，光の通った道のりの長さと，**混濁係数**と呼ばれる塵の量に依存する係数によって決まる．光の通った道のりは，水平に広がっている雲に対して光が垂直に入射した場合を 1 とし，入射角とともに増大する．すなわち 2 章で述べた AM と同様のものである．混濁係数とは，光が単位長さ当りにどれだ

け減衰するかを表す係数であり，光の通った道のりが1のときの値を基準とする。塵による散乱を受けて地表に到達する波長λの光の強度I_{out}は，式（6.38）で表される[†1]。

$$I_{out}(\lambda) = I_{in}(\lambda) \exp\{-\tau(\lambda) \cdot L\} \tag{6.38}$$

I_{in}は散乱を受ける前の光の強度，Lは光の通った道のりの長さ，$\tau(\lambda)$は$L=1$での混濁係数である。混濁係数$\tau(\lambda)$は，ある基準波長における混濁係数β_nと，粒子の大きさに依存する指数α_nを用いて式（6.39）のように表される。

$$\tau(\lambda) = \beta_n \cdot \lambda^{-\alpha_n} \tag{6.39}$$

この混濁係数β_nを雲の厚みとして定義している。α_nの値は粒子の大きさによって変化し，これも太陽光スペクトルの形状に影響を与えるが，ここではAM1.5での大気の場合と同じく1.14に固定して計算している。厳密な散乱の理論では，大気と雲での粒子の大きさの違いを考慮しなければならないが，ここでは考えない。β_nの値は0〜30の間で変化させて計算した。この値は，実際の観測データを参考に，曇りの日の標準的な値として決定した[†2]。

一方，水分量については以下のように取り扱う。水分量が増えると，雲に入射した光は水滴による吸収によって減衰する。水分量は，雲の中の水分が地表にすべて降り注いだ場合の降水量に相当し，長さcmの単位で表す。本書の計算では水分量を0〜10 cmの範囲で変化させたときのスペクトルを用いる。

まず，雲の厚みと水分量を変化させた場合の，太陽光スペクトルの形状の変化の特徴を見ていこう。

水分量を標準的な曇りの値である3 cmに固定し，雲の厚みを変化させた場合に，太陽光スペクトルがどのように変化するかを**図6.27**に示す。雲が厚くなればなるほど，太陽光スペクトルは塵による散乱の影響を大きく受け，特に短波長（高エネルギー）側から大きく減衰し，太陽光の全エネルギーも顕著に減少する。

[†1] R. E. Bird, and C. J. Riordan, Journal of Climate and Applied Meteorology. vol. 25, no.1, pp. 87〜97（1986）

[†2] http://aeronet.gsfc.nasa.gov/new_web/index.html （2012年3月現在）

6.6 天候の影響

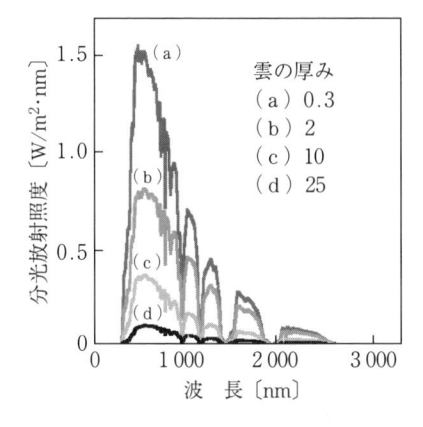

雲の厚み
(a) 0.3
(b) 2
(c) 10
(d) 25

雲の厚みが増すにつれて，太陽光スペクトルは短波長側から比較的大きく減衰する。全エネルギーも大きく減少する。

図 6.27 雲の厚みと太陽光スペクトルとの関係

逆に，雲の厚みを標準的な曇りの値である 25 に固定し，水分量を変化させた場合に，太陽光スペクトルがどのように変化するかを**図 6.28**に示す。

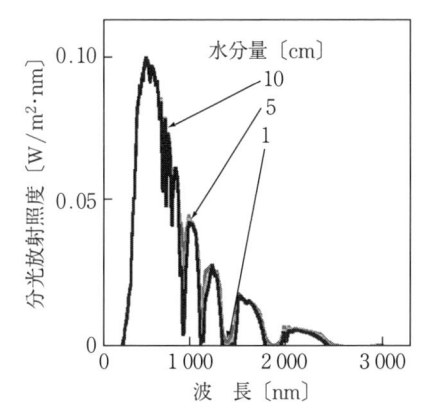

水分量〔cm〕
10
5
1

水滴による減衰は，赤外領域の特定の波長帯に現れる。水分量が多いほど減衰も大きく，スペクトル形状のくぼみが大きくなる。

図 6.28 水分量と太陽光スペクトル形状との関係（口絵10）

水分量が増加するにつれて，太陽光スペクトルが近赤外領域で少しずつ減衰していく。太陽光スペクトルには，大きくくぼんでいる部分が何か所かあるが，そのほとんどは水 H_2O による吸収帯であり，水滴による影響が水分量の増加に伴って顕著になっているのである。また，スペクトル形状には変化が見られるものの，全エネルギーとしてはわずかな減少にとどまっている。

それでは，実際にこのようなさまざまな曇りの太陽光スペクトルが太陽電池に入射した際の，発電量と変換効率の変化を見てみよう。

6. 太陽電池効率の実際の計算

まず,水分量を固定して雲の厚みを変化させた場合に,発電量と変換効率がどのように変化するのかを考える。

水分量は標準的な 3 cm とし,雲の厚みを 0～30 の範囲で変化させた。この条件で単接合,中間バンド型,3 接合タンデム型,2 接合タンデム型,それぞれの太陽電池の特性がどのように変化するかを計算した。各太陽電池のバンドギャップには 6.1 節,6.3 節,6.4 節において AM 1.5 非集光の条件のもとで最大の変換効率を示した値を用いた。発電量の計算結果を図 6.29 に,変換効率の計算結果を図 6.30 にそれぞれ示す。

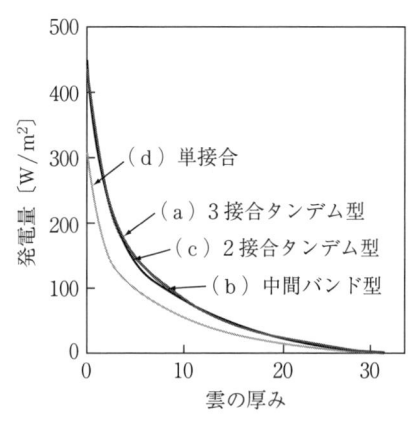

雲が厚くなるにつれて,どの太陽電池でも発電量が大きく減少する。

図 6.29 雲の厚みと発電量との関係(口絵 11)

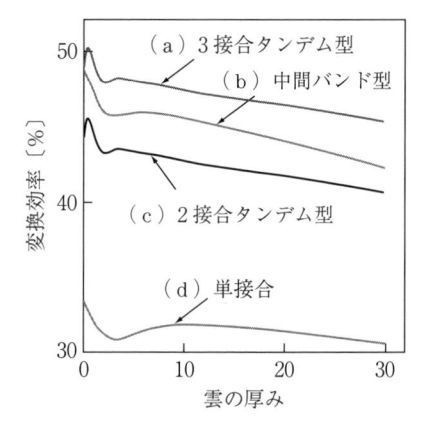

各太陽電池で変化の仕方が異なる。

図 6.30 雲の厚みと変換効率との関係

雲が厚くなると入射光の全エネルギーは大きく減少するために,雲の厚みとともに発電量は大きく減少する。雲が厚くなると太陽電池に入射するエネルギーが減少し,発電量もほぼ同じ割合で減少するのである。一方,変換効率の変化は発電量ほど劇的ではない。これは効率という数字が「入射した光のエネルギーに占める発電量の割合」を表すものだからである。すなわち,曇りの日には母数である入射光のエネルギーが減るので,これに相当して発電量が大きく減少しても,これらの比である変換効率そのものの値はさほど変化しないのである。また,変換効率については各太陽電池で異なった変化を示すことに注

6.6 天候の影響

意したい。雲の厚みとともに，多接合タンデム型ではいったん効率が少し向上したあと，緩やかに低下していく。中間バンド型と単接合型では低下ののち，緩やかに向上，再び低下する。いずれも単調な変化ではない。

つぎに，雲の厚みを固定して水分量を変化させた場合に，発電量と変換効率がどのように変化するのかについて考える。水分量は季節や場所によっても変化するが，快晴時で 0.5 cm，豪雨のときで 10 cm 程度である。ここでは水分量を 10 cm までとして計算した。先ほどの計算と同じく，各太陽電池のバンドギャップには AM 1.5 非集光の条件のもとで変換効率が最大となる値を用いた。発電量の計算結果を図 6.31 に，変換効率の計算結果を図 6.32 に示す。

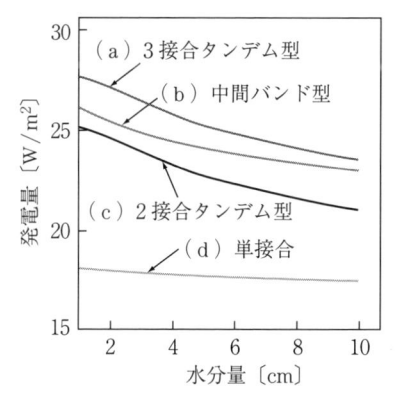

水分量が増加するにつれて発電量はわずかに減少する。雲の厚みを変化させた場合と比べて減少が小さい。また，多接合タンデム型の減少が比較的顕著である。

図 6.31 水分量と発電量との関係

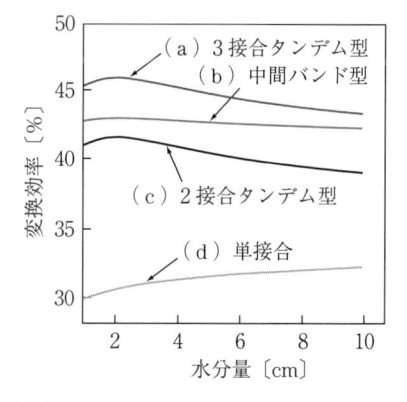

中間バンド型ではほとんど低下しないが，多接合タンデム型では比較的急な低下を示す。単接合では向上する。

図 6.32 水分量と変換効率との関係

先に述べたように，水分量は太陽光スペクトルの近赤外域のスペクトル形状を変化させるが，全エネルギーについてはそれほど深刻な影響を与えない。発電量と変換効率に関しても同様で，水分量の増加に対して顕著な減少は示さない。また，発電量と変換効率のどちらにおいても，多接合タンデム型太陽電池の特性がほかの太陽電池に比べて低下の程度が大きい。それに対して中間バンド型太陽電池の発電量はほとんど変化がなく，水分量の影響を受けにくい。つ

まり，多接合タンデム型太陽電池は天候の変化による太陽光スペクトルの形状変化に敏感であり，太陽電池特性が影響を受けやすいといえる。一方，単接合型太陽電池の変換効率は水分量の増加とともに逆に大きくなる。これは太陽光スペクトルへの整合性が高まったためである。

6.7 温度の影響

太陽光を集光して太陽電池に入射すると，変換効率は著しく向上する。しかし，太陽光を集光すると，虫眼鏡で光を集めたときのように，太陽電池がバンドギャップ以上の過剰なエネルギーを持った光を多く吸収するのでたちまち温度が上昇する。半導体に光が照射されると，電子が価電子バンドから伝導バンドに励起され，バンドギャップ以上の余剰エネルギーはキャリヤがバンド端までフォノンを放出しながらエネルギー緩和することで平衡状態に至る。このフォノン放出のために結晶格子の温度が上昇する。これまでは太陽電池の温度 T_c を 300 K として論じてきたが，実際の太陽電池では温度がそれ以上に高くなる。では，太陽電池の温度が上昇したとき，具体的に変換効率にどのような影響がでるのか。結果からいえば，太陽電池の温度が上昇すると変換効率は下がることになり，集光型太陽電池にとって大きな課題になりそうである。

温度が上昇すると半導体のバンドギャップ E_g は小さくなることが知られており，式（6.40）の Varshni の半経験的関係式[†1]でよく説明できる。

$$E_g(T) = E(0) - \frac{\alpha T^2}{T+\beta} \tag{6.40}$$

ここで，T は半導体の温度，α と β は実験で求められた定数である。太陽電池によく使用されるシリコン Si，ゲルマニウム Ge，ガリウムヒ素 GaAs のバンドギャップは式（6.41）〜（6.43）のような関係式で与えられる[†2]。

$$\text{Si}: E_g(T) = 1.17 - \frac{4.37 \times 10^{-4} \times T^2}{T+636} \tag{6.41}$$

[†1] Y. P. Varshni, Physica, vol. 34, no. 1, pp. 149〜154（1967）
[†2] J. Singh : Semiconductor devices basic principles, John & Sons, Inc.（2001）

6.7 温度の影響

$$\text{GaAs}：E_g(T) = 1.519 - \frac{5.405 \times 10^{-4} \times T^2}{T + 204} \tag{6.42}$$

$$\text{Ge}：E_g(T) = 0.74 - \frac{4.77 \times 10^{-4} \times T^2}{T + 235} \tag{6.43}$$

この式を用いて計算したバンドギャップの温度依存性を図 6.33 に示す。

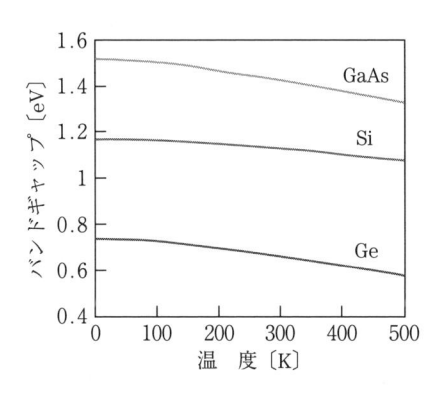

図 6.33 バンドギャップの温度依存性

温度が上昇するにつれてバンドギャップエネルギーは単調に減少する。これは，温度に依存する格子の膨張と，電子 - 格子相互作用によるエネルギーバンドの変化によるものであるが，この議論は本書の主旨と異なるため詳しい説明は省略する。重要なことは，バンドギャップの温度変化が温度上昇とともに大きくなっていることで，室温近傍の 300 K あたりでは温度が 1 K 上昇すれば，Si では 0.24 meV，Ge は 0.39 meV，GaAs は 0.45 meV も変化する。

このバンドギャップの温度変化を考慮に入れて，太陽電池の温度が変化した場合の変換効率を求めよう。ここでは AM 1.5 の太陽光スペクトルを用いて，5.2 節で考えた詳細平衡時の変換効率を求める。ここで使うのは式 (5.20) である。

$$\eta = u(\nu_g, T_s) \times v(x_g, x_c, f) \times FF \tag{5.20}$$

$u(\nu_g, T_s)$ は式 (3.4)～(3.6) で表すことができ

$$u(\nu_g, T_s) = \frac{\int_{\nu_g}^{\infty} G(\nu, T_s) \times h\nu_g d\nu}{\int_0^{\infty} G(\nu, T_s) \times h\nu d\nu} \times 100 \tag{3.4}～(3.6)$$

となる。また、$\nu(x_g, x_c, f)$ において

$$x_g = \frac{h\nu_g}{kT_s}$$

$$= \frac{E_g}{kT_s} \tag{4.34}$$

となり、これら二つの式が温度によるバンドギャップの変化に依存する部分となる。

これ以外にも、太陽電池の温度 T_c に直接依存する項がいくつかある。太陽電池と太陽の温度の比 x_c

$$x_c = \frac{T_c}{T_s} \tag{4.35}$$

フィルファクタ FF

$$FF = \frac{z_m^2}{\{1 + z_m - \exp(-z_m)\}\{z_m + \ln(1 + z_m)\}} \tag{5.19}$$

以下の式で定義される z_{op}

$$z_{op} = \frac{V_{op}}{V_c}$$

$$= z_m + \ln(1 + z_m) \tag{5.10}, (5.11)$$

開放電圧 V_{op}

$$V_{op} = V_c \ln \left\{ \frac{f_c \int_0^{\lambda_{E_g}} N(\lambda) d\lambda}{2\pi P_{\text{flux}}(\nu_g, T_c)} \right\} \tag{6.4}$$

これらの式において、$P_{\text{flux}}(\nu_g, T_c)$ と式 (4.15) で表される V_c が太陽電池の温度に関係している。

$$V_c = \frac{kT_c}{q} \tag{4.15}$$

まず、V_c の温度依存性は何に起因するのか考えよう。V_c は 4.2 節で述べたように、式 (4.13) で表される輻射再結合数 F_c を議論する際に定義した。

$$F_c(V) = \alpha \cdot np$$

$$= \alpha n_i^2 \cdot \exp\left(\frac{E_{fe} - E_{fh}}{kT_c}\right) \tag{4.13}$$

6.7 温度の影響

輻射再結合数 F_c は電子密度と正孔密度の積で表されており，電子密度と正孔密度の式は，式 (4.11)，(4.12) で示されている。

$$n = n_i \exp\left(\frac{E_{fe} - E_i}{kT_c}\right) \tag{4.11}$$

$$p = n_i \exp\left(\frac{E_i - E_{fh}}{kT_c}\right) \tag{4.12}$$

これより，キャリヤ密度は太陽電池の温度 T_c に依存することがわかる。また，輻射再結合数 F_c は，太陽電池自身の温度による電子－正孔対の生成数 F_{c0} と，式 (4.16) を用いると

$$F_c(V) = \alpha \cdot np = F_{c0} \exp\left(\frac{V}{V_c}\right) \tag{4.18}$$

となる。このように，V_c は電子密度と正孔密度の温度依存性を示しており，輻射再結合数の温度変化の源である。

以上述べたバンドギャップとキャリヤ密度の温度依存性を考慮して太陽電池の変換効率を温度の関数として計算した。図 6.34 に Si, Ge, GaAs について計算した結果を示している。この計算は AM 1.5 の太陽光スペクトルの非集光下での詳細平衡時の変換効率である。

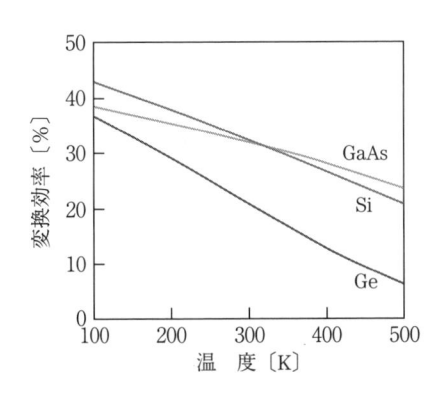

図 6.34 AM 1.5 の太陽光スペクトルの非集光下で計算した詳細平衡時の変換効率の温度依存性

温度が上昇すると，Si, Ge, GaAs ともに変換効率が下がる。また，半導体の種類と太陽電池の使用温度が予想できれば変換効率を推定できる。Si と GaAs のように使用する温度によって変換効率が逆転する場合もあることに注

意しよう。変換効率の温度による変化は半導体のバンドギャップに依存する。図 6.35 を参照されたい。異なる温度における詳細平衡時の変換効率を計算した。

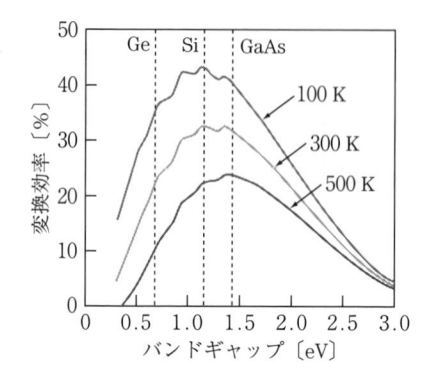

図 6.35 詳細平衡時の変換効率の温度依存性

代表的な Si, Ge, GaAs のバンドギャップの位置を破線で示した。ここでは, 100 K, 300 K, 500 K の場合の詳細平衡時の変換効率を計算した。変換効率の温度変化による影響を見るために, 300 K と 500 K の変換効率の差を比較してみよう（図 6.36）。

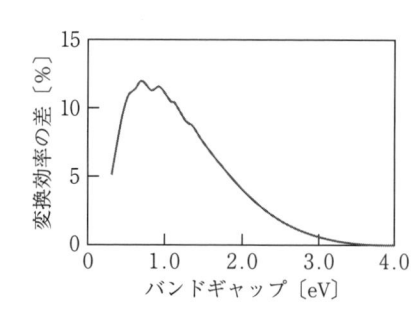

図 6.36 300 K と 500 K の変換効率の差

室温での Si, Ge, GaAs のバンドギャップはそれぞれ 1.12 eV, 0.67 eV, 1.43 eV である。Ge のバンドギャップ 0.67 eV 近傍で最も変換効率の減少が大きく, 0.70 eV で 12.0% も減少する。バンドギャップが大きくなるにつれて, 変換効率の減少は小さくなる。

ここで, 温度の寄与をバンドギャップの温度変化とキャリヤ密度の温度変化

に分けて考えてみよう。Ge のバンドギャップは室温で 0.67 eV である。0.67 eV ではバンドギャップの減少とともに変換効率も減少することが図 6.35 からわかる。一方，GaAs のような約 1.2 eV 以上のバンドギャップを持った半導体でも，やはり温度が上昇すると変換効率は悪くなる。しかし，図 6.35 の変換効率曲線から見ると，GaAs の場合は温度が上がってバンドギャップが小さくなると効率が上がるのではないだろうか。もともとバンドギャップが大きい GaAs でも，温度が上がると変換効率が低下するのは，バンドギャップの変化による効率の変化に比べて，キャリヤ密度の温度依存性が強く影響しているからである。4.2 節で述べたように輻射再結合数と非輻射結合数は電子と正孔の濃度の積に比例する。温度上昇に伴って電子も正孔も濃度が高くなるので，その結果，電子正孔再結合が顕在化して効率の低下を引き起こしている。このキャリヤ密度の温度依存性の寄与は太陽電池の特性変化を決める最も重要な因子である。図 6.34 のように GaAs の変換効率の温度変化が比較的緩やかなのは，温度上昇に伴うバンドギャップの減少が，キャリヤ密度の増加による影響を一部相殺しているためといえよう。

7. 理想条件の限界

はじめに 本書で扱ってきた太陽電池は，さまざまな条件下での効率の限界値を求めるために，理想化した太陽電池である．もちろん，実際に太陽電池を開発していくうえで，発電量に対して損失となる要因は，本書で設定した条件のほかに多数存在する．これらの損失のために，実際に製造されている太陽電池の実効効率は，理論限界効率と比べて低くなる．例えば，シリコン Si を太陽電池の材料に使う場合，シリコン Si のバンドギャップは約 1.1 eV なので，5 章の図 5.10 の曲線（b）で示した詳細平衡時の効率曲線に当てはめると，約 30% ほどとなる．一方，実際のシリコン pn 接合太陽電池を見てみると，単結晶型で最大 25%，多結晶型では最大 20% であり，理論限界効率よりも低い[†]．

3 章では，単接合型太陽電池における二つの損失，透過損と熱損失の，トレードオフの関係による変換効率の限界について説明した．このようなトレードオフの関係は，太陽電池の性能を考える際，至る所に存在する．本節では，もう一つのトレードオフの関係として，材料ごとに異なる半導体の光吸収の特性を例に挙げ，これまで詳しく述べてきた詳細平衡とは別の角度から，太陽電池変換効率について議論する．

本節で登場するトレードオフは，光を吸収するために必要な半導体の厚みと，生じた電子や正孔が移動できる距離とのトレードオフである．半導体が厚ければ厚いほど，光を多く吸収できる．一方で，半導体が厚すぎると，光励起

[†] M. A. Green, K. Emery, Y. Hishikawa, and W. Warta : Progress in Photovoltaics, Research and Applications vol. 19, pp. 84〜92 (2011)

した電子や正孔が移動する距離も長くなる。移動する距離が長いと，電気エネルギーとして利用される前に，障害物に衝突して，せっかく創り出したエネルギーを取り出す前に一部失ってしまうことになる。半導体の膜厚は，厚ければ厚いほど良いというものではなく，効率よく電気エネルギーを取り出すためには，最適な厚みを考える必要がある。本節では，半導体の光吸収の特性について説明したのち，生じた電子や正孔が半導体内部でどのように移動するかを説明する。さらに，シリコン Si とガリウムヒ素 GaAs の 2 種類の半導体材料について具体的に考え，太陽電池に最適な半導体の膜厚について議論する。

7.1 吸 収 係 数

6章まで，太陽電池を構成する半導体の厚みに関わらず，半導体のバンドギャップ以上のエネルギーを持つフォトンはすべて吸収するという前提で計算を行った。しかしながら，実際には，光を吸収するためには，半導体にはある程度の厚みが必要である。どのくらいの厚みでどの程度の光を吸収できるかは物質の**吸収係数**で決まる。

波長 λ，フォトン流量 Φ_0 の単色光が，厚み d の物質に入射した場合を考えよう。図 7.1 にこの様子を示す。物質の表面で光反射が生じないと仮定すると，物質がフォトンを Φ だけ吸収したとき，吸収できなかった残りの $\Phi_0 - \Phi$ が物質の裏面から出てくる。

図 7.1 入射フォトン流量と吸収フォトン流量，透過フォトン流量との関係

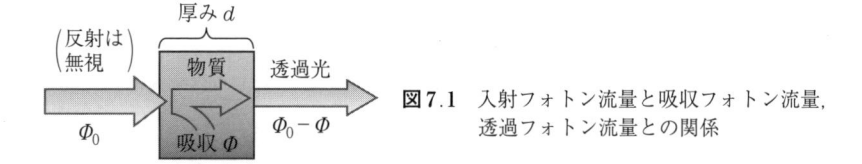

表面に入射したフォトン流量 Φ_0 と，裏面から出てくるフォトン流量 $\Phi_0 - \Phi$ の比をとり，対数にすると，物質の厚みに比例することが知られている。この関係は光の物質による吸収を定式化した法則であり，**ランベルト・ベールの法**

7. 理想条件の限界

則と呼ばれている。

比例定数を α としてランベルト・ベールの法則を式 (7.1) に示す。

$$\ln\frac{\Phi_0 - \Phi}{\Phi_0} \propto d \quad \Rightarrow \quad \ln\frac{\Phi_0 - \Phi}{\Phi_0} = -\alpha d \tag{7.1}$$

ここで d は，後の計算のため，対数には自然対数（ネーピア定数 e を底とする対数）を用いた。

対数の真数である入射光と透過光の比に注目すると，物質で光の吸収 Φ が生じるとしているため，透過フォトン流量は入射フォトン流量よりも必ず少なくなる。よって，対数の真数は 1 よりも小さくなり，対数は負の値となる。ここで正の比例定数 α を導入した。

太陽電池で重要なのは物質に吸収されるフォトン流量 Φ である。吸収されたフォトン流量に含まれるフォトンの個数だけ，1 章で説明したような電子と正孔の光励起を生じさせるからである。式 (7.1) を変形させ，「$\Phi =$」の式をつくろう。まず，ランベルト・ベールの法則のために用いた対数表記から，通常の線形表記に戻そう。

$$\frac{\Phi_0 - \Phi}{\Phi_0} = \exp(-\alpha d) \tag{7.1}'$$

式 (7.1)′ を変形すると，厚み d の物質で吸収したフォトン流量を表す「$\Phi =$」の式 (7.2) が得られる。

$$\Phi = \Phi_0 \{1 - \exp(-\alpha d)\} \tag{7.2}$$

比例定数として用いた α は，光の**吸収係数**という。単位は距離の逆数である。吸収係数が大きいほど，物質による光吸収 Φ が大きくなる。また，吸収係数は，物質ごとに固有の値であり，入射する光の波長によっても異なる。

それでは文献値[†]を用いて半導体の吸収係数についてイメージをつかもう。初めに，光を吸収する物質が単結晶 Si の場合を考える。Si は太陽電池に最も利用されている半導体である。波長 500 nm の光に対する Si の吸収係数は，約 1.8×10^4 cm^{-1} である。式 (7.2) の α にこの値を代入し，どのくらい光を吸

---

† Refractive index database ; http://refractiveindex.info（2012 年 7 月現在）

7.1 吸収係数

収できるかを計算しよう。簡単のため，Si の厚み d が 1.8×10^4 cm^{-1} の逆数（$d \fallingdotseq 0.56$ μm）であるとする。式（7.2）の右辺にある指数部分は，$-\alpha d = -1$ となる。ネーピア定数 $e \fallingdotseq 2.7$ より，右辺の括弧の部分は，$\{1 - \exp(-\alpha d)\} \fallingdotseq 0.63$ となる。つまり，入射光のフォトン流量の約 63％を吸収するために必要な厚みの逆数が，吸収係数である。また，この入射光の約 63％を吸収できる厚み（ここでは，$d \fallingdotseq 0.56$ μm）のことを光の侵入長という。

つぎに，同じ材料で，入射する光の波長が異なる場合の光吸収を考えよう。波長 800 nm の光に対する Si の吸収係数は，約 1.0×10^3 cm^{-1} である。波長 500 nm の場合と同様に計算すると，波長 800 nm で入射光の 63％を吸収するために必要な Si の厚みは 10 μm となる。0.56 μm の厚みの単結晶 Si の場合を考えると，波長 500 nm の入射光を半分以上吸収できるのに対し，波長 800 nm の入射光に対してはわずか 5％程しか吸収できず，残りの 95％がすべて透過してしまう。

つぎに，単結晶の GaAs を考えてみよう。GaAs は 6 章でも述べたように単接合の S-Q 理論の枠組みの中では最も高い変換効率が期待されている材料である。波長 500 nm の光に対する GaAs の吸収係数は約 1.1×10^5 cm^{-1} であるので，波長 500 nm の光を 63％吸収するために必要な GaAs の厚みは，0.09 μm である。

このような，物質や波長による吸収の違いのイメージを図 7.2 に，Si と GaAs における吸収係数の文献値を図 7.3 のグラフに示す。

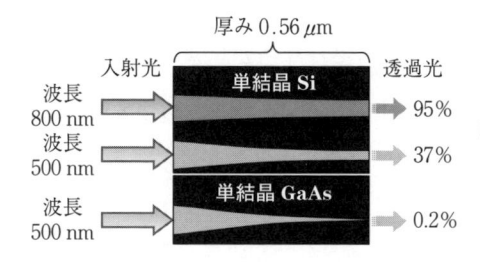

図 7.2 同じ厚み（0.56 μm）の単結晶 Si と単結晶 GaAs の光吸収の様子。光吸収は物質固有の波長分散特性を示す。

吸収係数は物質ごとに異なる波長分散特性を示すことがよくわかる。光吸収の程度は直接的に変換効率に影響するので，太陽電池特性を予測するには光の

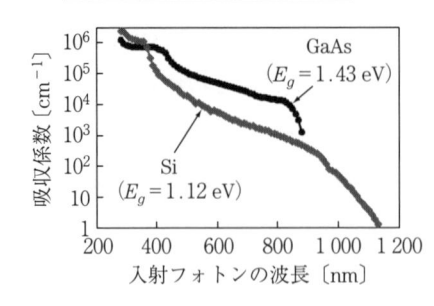

図7.3 入射フォトンの波長と吸収係数との関係

吸収係数を考慮することは非常に重要であることは明らかである。

ここまで述べてきた光の吸収 Φ は，物質の厚み全体を通しての光吸収量である。7.2節で詳しく議論する少数キャリヤの拡散では，電子や正孔が"励起された場所"から，空乏層領域までの距離が重要になる。そこで，物質表面から深さ x の位置にある断面で吸収されるフォトン流量を導こう。**図7.4** に，求め方のイメージを示す。

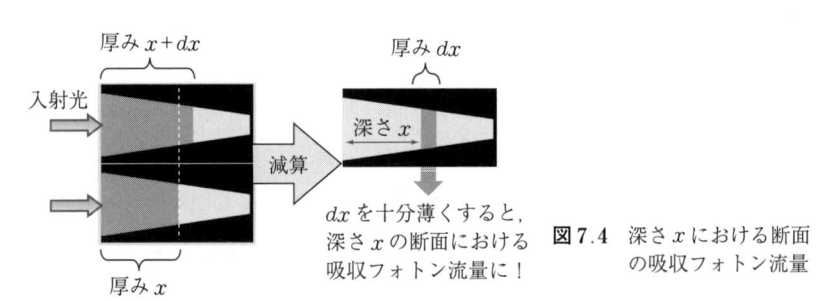

図7.4 深さ x における断面の吸収フォトン流量

$x+dx$ の厚みで吸収されるフォトン流量から，x の厚みで吸収されるフォトン流量を減算すれば，表面から深さ x にある，厚み dx の区間で吸収されるフォトン流量となる。厚み dx を限りなく0に近付けると，深さ x にある断面で吸収されたフォトン流量が得られる。フォトン流量の物質への侵入深さ依存特性を表す式 (7.2) を用いると，式 (7.3) の Φ の導関数が得られる。

$$\lim_{dx \to 0} \frac{\Phi}{dx} = \lim_{dx \to 0} \frac{\Phi_0 \{1 - \exp(-\alpha(x+dx))\} - \Phi_0 \{1 - \exp(-\alpha x)\}}{dx} \tag{7.3}$$

以上より，深さ x にある断面で吸収したフォトン流量は式 (7.4) のようになる。

$$\Phi(x) = \Phi_0 \cdot \alpha \exp(-\alpha x) \tag{7.4}$$

吸収フォトン流量は深さに依存する値なので，$\Phi(x)$ と記した。

ここで，物質表面に入射するフォトン流量 Φ_0 はある特定の波長における値である。本節では，6.7節と同様に，太陽光入力として図2.3の曲線②で示したAM1.5の太陽光を用いる。波長 λ ごとに，地表に届く太陽光フォトン流量 Φ_0 は異なる値を持つ。あとの計算のために，以降では入射フォトン流量を $\Phi_0(\lambda)$ と記そう。同様に，吸収係数 α も波長に依存する値であることを忘れないように，$\alpha(\lambda)$ と記す。吸収フォトン流量は波長 λ と深さ x の関数となる。

$$\Phi(x,\lambda) = \Phi_0(\lambda) \cdot \alpha(\lambda) \cdot \exp(-\alpha(\lambda)x) \tag{7.4}'$$

つぎに，波長 λ の光が入射したとき，深さ x で光励起される電子・正孔の密度を求めよう。4.1節でも触れたように，入射光が半導体に吸収されたとき，吸収された1個のフォトンが励起させる電子正孔対の数を t_c とすると，光励起する電子正孔対の密度は式 (7.5) となる。

$$g(x,\lambda) = t_c \cdot \Phi_0(\lambda) \cdot \alpha(\lambda) \cdot \exp(-\alpha(\lambda)x) \tag{7.5}$$

割合 t_c は，**量子効率**とも呼ばれる。$t_c = 1$ ならば，吸収フォトン1個で一対の電子–正孔対が光励起される。ここの議論でも4.1節と同様に，$t_c = 1$ と考える。

7.2　少数キャリヤの拡散

前節では，光励起した電子–正孔対の密度の深さ方向分布関数を導いた。つぎに必要なのは，「どのくらいの電子–正孔対が太陽電池の発電に寄与するか。」である。光励起によって電子が生じても，利用できる場所まで移動する途中に正孔と衝突し，発電に寄与する前にせっかくできた電子–正孔対が消滅してしまう場合がある。本節では，消滅せずに有効利用できる電子–正孔対について考える。

まず初めに，光励起した電子–正孔対が移動するために必要な構造を考える必要がある。本節で扱う太陽電池の構造を決めよう。**図7.5**のように，光の入

7. 理想条件の限界

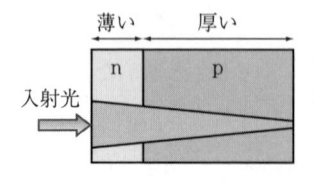

図7.5 本章で考えるpn接合半導体の構造

（薄い／厚い　n／p　入射光）
n層では光を完全には吸収せず，p層まで光が達するものとする。

射側にn層が，裏面側にp層があるようなpn接合構造を考える。n層は十分薄く，入射した光がp層まで達するものとする。p層の厚みについては，7.3節で議論するが，n層よりも厚いものとする。また，表面と裏面の電極や，反射防止膜などは省略した。この構造は，単結晶Si太陽電池でおもに採用されている構造である。

では，このような構造の中で光励起された電子や正孔がどのように移動するかを考えよう。式（7.5）より，光励起した電子 – 正孔対密度 $g(x,\lambda)$ が深さ x により異なる値を持つので，p層やn層の中性領域中で光励起された電子や正孔は，深さによって密度が異なる。電子や正孔を粒子と考えると，粒子密度を媒質中で均一にしようとする力が働く。この現象を**拡散**といい，中性領域中で光励起されたp層の電子やn層の正孔も，拡散により空乏領域側へも移動する。

p層ではアクセプタから生じた正孔が多く存在し，n層ではドナーから生じた余剰電子が多く存在しているので，光励起などで生じたp層の電子やn層の正孔のことを**少数キャリヤ**という。これらの少数キャリヤは，図1.11①のように空乏領域まで拡散すれば，太陽電池の発電に寄与できるが，②のように途中で消滅する可能性もある。このような消滅分を考慮したうえで，少数キャリヤの拡散を考える場合，式（7.6）に示すような**連続の方程式**が用いられる。

$$D_\mathrm{h} \frac{d^2 p_\mathrm{N}}{dx^2} - \frac{p_\mathrm{N} - p_\mathrm{N0}}{\tau_\mathrm{h}} = 0 \tag{7.6}$$

この式は半導体工学関係のテキスト[†]には，必ずといってよいほど載っている式であり，8章でも詳しく取り扱っている。

[†] 例えば，B. L. アンダーソン，R. L. アンダーソン：半導体デバイスの基礎（上），丸善出版（2008）

式 (7.6) は，n 層の中性領域で正孔が光励起した場合の式である。左辺の第 1 項目は，ある時間内に，深さ断面 x へ拡散したため増加した正孔密度の増加分を示している。第 2 項目は，ある時間内に，深さ断面 x で再結合したことで消滅した正孔密度の消滅分を示している。光が絶えず入射しており，太陽電池が一定の発電量を保っている状態を考えると，ある時間内に深さ断面 x を通過する正孔密度は一定であるので，通過する正孔密度の変化量を表す右辺は 0 となる。

D_h は正孔の拡散定数といい，正孔の拡散しやすさを表している。添え字の h は正孔 (hole) を意味し，電子の拡散定数の場合は D_e と表す。τ_h は正孔の再結合寿命である。光励起で生じてから時間 τ_h で，正孔は電子との再結合により消滅する。p_N は，光照射時の n 層中の正孔密度を示しており，p_N0 は光が照射されていないときの n 層中の正孔密度を示している。これらの減算である $p_\mathrm{N} - p_\mathrm{N0}$ は，光励起した正孔密度を意味する。光励起した正孔密度は深さ x により異なるので，この密度を x の関数として $\Delta p_\mathrm{N}(x)$ と表す。

$$\Delta p_\mathrm{N}(x) = p_\mathrm{N}(x) - p_\mathrm{N0} \tag{7.7}$$

式 (7.7) を式 (7.6) に代入すると，式 (7.8) が得られる。

$$D_\mathrm{h} \frac{d^2 \Delta p_\mathrm{N}(x)}{dx^2} - \frac{\Delta p_\mathrm{N}(x)}{\tau_\mathrm{h}} = 0 \tag{7.8}$$

p_N0 は x に依存しない値なので，$\Delta p_\mathrm{N}(x)$ の x 微分と $p_\mathrm{N}(x)$ の x 微分は同じ値となる。

式 (7.8) は，微分方程式である。式 (7.8) を式 (7.8)' のように少し変形させ，これを解くと，式 (7.9) が得られる。

$$\frac{d^2 \Delta p_\mathrm{N}(x)}{dx^2} = \frac{1}{D_\mathrm{h} \tau_\mathrm{h}} \cdot \Delta p_\mathrm{N}(x) \tag{7.8}'$$

$$\Delta p_\mathrm{N}(x) = A \exp\left(\frac{x}{\sqrt{D_\mathrm{h} \tau_\mathrm{h}}}\right) + B \exp\left(-\frac{x}{\sqrt{D_\mathrm{h} \tau_\mathrm{h}}}\right) \tag{7.9}$$

式 (7.8)' を積分することで生じた積分定数 A と B を求めよう。深さ x が限りなく大きい場合を考える。再結合寿命 τ_h は有限の値であり，光励起した正孔は必ずどこかで再結合する。光励起した正孔は，光入射面から限りなく遠

7. 理想条件の限界

い x 点まで拡散しないので，式 (7.10) のように A が求まる．

$$\lim_{x\to\infty} \Delta p_N(x) = \lim_{x\to\infty} A \exp\left(\frac{x}{\sqrt{D_h \tau_h}}\right) = 0 \iff A = 0 \quad (7.10)$$

続いて，深さ x が限りなく 0 に近い，つまり，表面の場合を考える．物質の表面において，光励起した正孔密度は式 (7.5) から得られる．

$$\lim_{x\to 0} \Delta p_N(x) = B = \lim_{x\to 0} g(x, \lambda) \quad (7.11)$$

式 (7.11) では，x を限りなく 0 に近付けた場合の B が得られた．極限をとらない単なる深さ x ならば，B の値も極限を除いて $g(x, \lambda)$ となる．以上より，A と B が求められた．絶えず光が照射するとき，光励起が起源の，深さ x における正孔密度は式 (7.12) のように表される．

$$\begin{aligned} \Delta p_N(x) &= g(x, \lambda) \exp\left(-\frac{x}{\sqrt{D_h \tau_h}}\right) \\ &= g(x, \lambda) \exp\left(-\frac{x}{L_h}\right) \end{aligned} \quad (7.12)$$

ここで，正孔の拡散定数と再結合寿命の積の平方根 $\sqrt{D_h \tau_h}$ を L_h と置いた．L_h は，正孔が再結合するまでに拡散できる距離を表しており，**拡散距離**という．図 7.6 に，n 層中の正孔拡散に関係する各種の距離を示す．

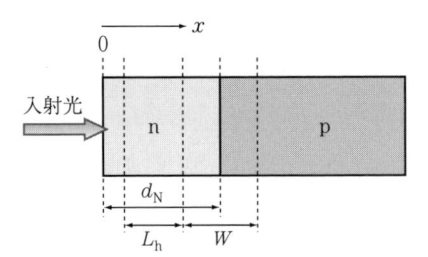

図 7.6　n 層中の正孔拡散に関係する各種の距離

n 層の厚みを d_N，pn 接合の空乏領域の幅を W，光入射面からの距離（深さ）を x として，光入射面である n 層表面を基準とする．簡単のため，空乏領域幅 W は n 層の膜厚や，光生成された正孔や電子の拡散距離よりも十分小さいものと考える．また，空乏領域内にはドナーやアクセプタから供給される電子や正孔などが存在しないので，光生成された正孔や電子は障害物に衝突しにく

いため，空乏領域内でのキャリヤの消滅も無視する．以上より，本章では空乏領域幅を無視（$W \fallingdotseq 0$）して扱う．

n層で光励起された正孔のうち，pn接合部まで拡散する密度を求めるため，式 (7.12) を式 (7.12)′ のように pn 接合部中心に書き換えよう．

$$\Delta p_\mathrm{N}(x) = g(x,\lambda) \exp\left(-\frac{d_\mathrm{N}-x}{L_\mathrm{h}}\right) \tag{7.12}′$$

式 (7.12)′ で示した正孔密度を，深さ0から d_N までの区間（n層膜厚）で積分すると，n層側から流れて pn 接合断面を通過する正孔の流量が求められる．この流量に電荷 e を乗算すると，n層で発生し，pn 接合断面を n 層側から p 層側へ流れる電流密度 $j_\mathrm{h}(\lambda)$ となる．

$$\begin{aligned}
j_\mathrm{h}(\lambda) &= e\int_0^{d_\mathrm{N}} \Delta p_\mathrm{N}(x)\,dx \\
&= e\int_0^{d_\mathrm{N}} g(x,\lambda) \exp\left(-\frac{d_\mathrm{N}-x}{L_\mathrm{h}}\right) dx \\
&= e\Phi_0 \alpha \frac{L_\mathrm{h}}{\alpha L_\mathrm{h}-1} \left\{\exp\left(-\frac{d_\mathrm{N}}{L_\mathrm{h}}\right) - \exp(-\alpha d_\mathrm{N})\right\}
\end{aligned} \tag{7.13}$$

つぎに，p層における少数キャリヤ（電子）の拡散について考えよう．**図7.7** に p 層中の電子拡散に関する各種の距離を記した．L_e は電子の拡散距離を示している．p 層の膜厚 d_P は，n 層の膜厚 d_N よりも十分に厚いものと考える．

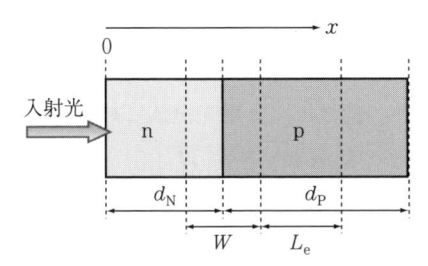

図7.7 p層中の電子拡散に関係する各種の距離

p層で光励起された電子のうちで，pn 接合部分まで再結合せずに拡散する密度は，p層の区間（pn 接合までの膜厚 d_N から p 層膜厚 $d_\mathrm{P}+d_\mathrm{N}$ まで）で余剰電子密度を積分すれば求められる．ここで，p 層膜厚は n 層膜厚よりも十分

に厚いと仮定しているので，簡単のために $d_\mathrm{P}+d_\mathrm{N} \fallingdotseq d_\mathrm{P}$ と近似しておこう．

p層の場合を考えるために，式 (7.12) の正孔密度の式を電子密度の式 (7.14) へ書き換える．

$$\Delta n_\mathrm{P}(x) = g(x,\lambda)\exp\left(-\frac{x-d_\mathrm{N}}{L_\mathrm{e}}\right) \tag{7.14}$$

考える深さ x は，p層内なので，n層の膜厚 d_N よりも深い．よって，pn接合部からの距離は $x-d_\mathrm{N}$ と表される．

式 (7.14) を d_N から d_P の区間で積分すると，p層側から流れてpn接合断面を通過する電子の流量が求められる．この流量に電荷 $-e$ を乗算すると，p層で発生し，pn接合断面をp層側からn層側へ流れる電流密度 $j_\mathrm{e}(\lambda)$ となり，式 (7.15) で表される．

$$\begin{aligned}
j_\mathrm{e}(\lambda) &= -e\int_{d_\mathrm{N}}^{d_\mathrm{P}} \Delta n_\mathrm{P}(x)\,dx \\
&= -e\int_{d_\mathrm{N}}^{d_\mathrm{P}} g(x,\lambda)\exp\left(-\frac{x-d_\mathrm{N}}{L_\mathrm{e}}\right)dx \\
&= -e\varPhi_0 \alpha \frac{L_\mathrm{e}}{\alpha L_\mathrm{e}+1}\left\{\exp(-\alpha d_\mathrm{N}) - \exp\left(-\alpha d_\mathrm{P} - \frac{d_\mathrm{P}-d_\mathrm{N}}{L_\mathrm{e}}\right)\right\}
\end{aligned} \tag{7.15}$$

$j_\mathrm{e}(\lambda)$ は電子が流れる向きを正にとっている．太陽電池が光によって受光面積当りに生じさせる光電流密度 $j_\mathrm{sh}(\lambda)$ を考えるために，式 (7.13) と式 (7.15) を電流の向きにそろえて足し合わせると，式 (7.16) となる．

$$j_\mathrm{sh}(\lambda) = j_\mathrm{h}(\lambda) - j_\mathrm{e}(\lambda) \tag{7.16}$$

以上より，ある波長の入射光によって生じた光電流密度 $j_\mathrm{sh}(\lambda)$ と，光吸収・n層膜厚・p層膜厚の関係式が得られた．最後に，入射光全体に対する光電流密度 J_sh を得るために，$j_\mathrm{sh}(\lambda)$ を全波長域で積分すると式 (7.17) となる．

$$J_\mathrm{sh} = \int_0^\infty j_\mathrm{sh}(\lambda)\,d\lambda \tag{7.17}$$

次節では，本章のゴールとなる光吸収とn層の厚みとのトレードオフについて詳しく見ていく．n層の厚みや吸収係数が，光電流密度 J_sh にどのような影響を及ぼすだろうか．

7.3 膜厚を考慮した各物質の光電流密度

7.2節で導いた式を用いて,シリコン(Si),ガリウムヒ素(GaAs)の2種類の物質を例に,具体的に計算を行い,光吸収係数などのファクタが太陽電池応用へどのように影響を及ぼすのかを議論しよう。

Si,GaAsの室温でのバンドギャップは,それぞれ1.12 eV,1.43 eVであり,対応する光の波長は,式(2.4)より1 110 nm,867 nmとなる。6章までで扱った単接合太陽電池には,太陽電池を構成する半導体のバンドギャップよりも大きいエネルギーの光は完全に吸収し,小さいエネルギーの光を吸収できないという条件があった。しかしながら,図7.3に示すように,実際の半導体では,波長によって光吸収の程度が異なる。

AM1.5の入射光のもと,式(7.16)と式(7.17)に実際に各物質の吸収係数や拡散距離を入れて計算した結果を以下に記していく。n層の膜厚d_Nが電流値にどのように影響するだろうか。

〔1〕 **Si の 場 合**

少数キャリヤの拡散距離は半導体ごとに異なり,ドナーやアクセプタのドーピング量やその他の不純物の量,半導体結晶の結合欠陥の量など,さまざまなファクタが関わってくる。ここでは,n層中における正孔の拡散距離L_hを10 μm,p層中における電子の拡散距離L_eを0.5 μmとしよう。p層膜厚d_pは300 μmに固定した。n層膜厚d_Nを変化させたとき,電子や正孔の光励起が起源となる光電流は,図7.8のようになる。横軸はd_N,縦軸は式(7.17)から

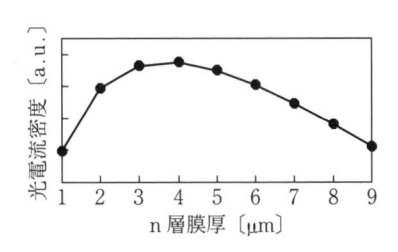

図7.8 Si太陽電池のn層膜厚と式(7.17)で表した光電流密度との関係

求められる光電流密度 J_{sh} を表している。

J_{sh} は n 層膜厚が 4 μm 付近のときに最大となる。本章の冒頭で述べたように，光を吸収するための膜厚と，電子や正孔が拡散出来る膜厚とのトレードオフの結果，最適な n 層膜厚が 4 μm となることを意味している。

n 層，p 層それぞれで生成される光電流密度に注目して，膜厚の効果につい

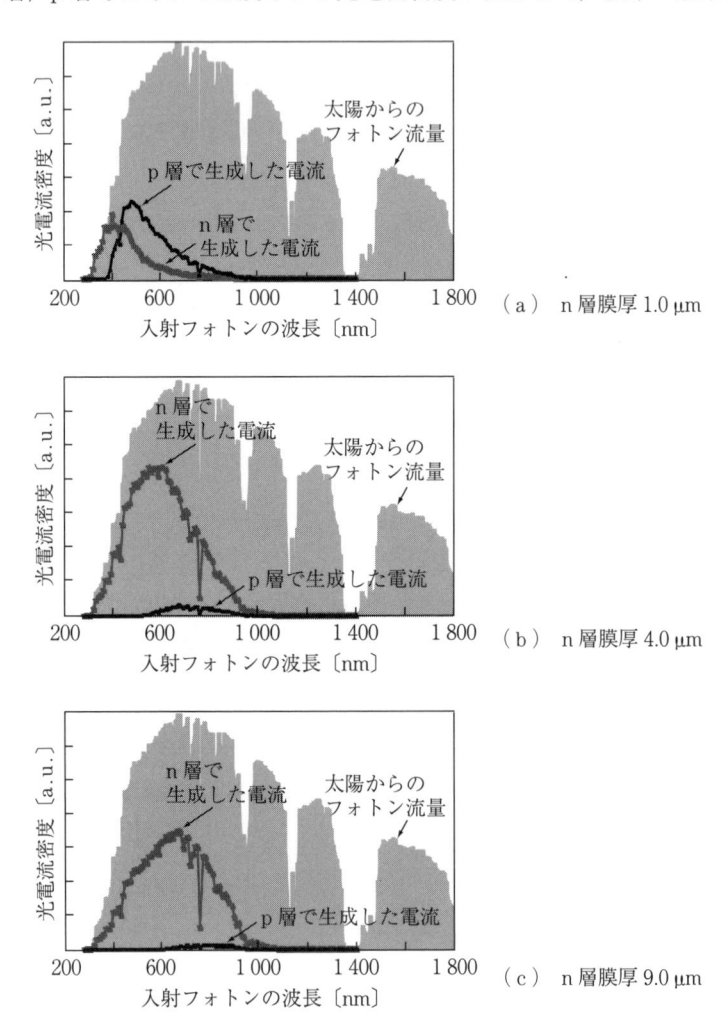

（a）n 層膜厚 1.0 μm

（b）n 層膜厚 4.0 μm

（c）n 層膜厚 9.0 μm

図 7.9 Si 太陽電池の n 層膜厚と式 (7.13)，式 (7.15) で表される光電流密度の関係

て考察していこう。図7.9に，入射フォトン流量$\Phi_0(\lambda)$と，n層で生成された電流密度$j_h(\lambda)$，p層で生成された電流密度$j_e(\lambda)$との関係を示す。図(a)から図(c)まで，順にn層膜厚1.0 μm，4.0 μm，9.0 μmである。n層膜厚が厚いほど，n層やp層で生成される光電流密度のピーク波長が長波長側になる。

Siにおける短波長光の侵入長は，400 nmの光に対して0.1 μmオーダで，比較的短い。これに対して，800 nmの光に対する侵入長は10 μmオーダと，長波長光の侵入長は比較的長い。n層膜厚1.0 μmの場合，短波長側の光ならばn層中で十分に吸収できるが，長波長光はあまり吸収できない。このため，図(a)におけるn層で生成された電流密度$j_h(\lambda)$は短波長側にピークを持つ。これに対し，図(c)のようにn層膜厚が厚い場合，長波長光も十分に吸収可能なので，n層中で生成される正孔は多くなる。しかしながら，n層膜厚が厚いため，短波長光を吸収してn層表面付近で励起した正孔はpn接合へ拡散するまでに電子と衝突して再結合しやすくなる。このため，n層膜厚が厚くなると，短波長光はpn接合へ拡散しにくくなり，電流密度$j_h(\lambda)$のピークは長波長側となる。

ここで考えているSi太陽電池の場合，n層中における正孔の拡散距離が，p層中における電子の拡散距離の20倍と，十分に長い。このため，最適なn層膜厚における$j_h(\lambda)$が，$j_e(\lambda)$よりも大きい。

〔2〕 **GaAs の場合**

n層中における正孔の拡散距離L_hを3.5 μm，p層中における電子の拡散距離L_eを1.2 μmとする。Siの場合と同様に，p層膜厚D_Pは300 μmに固定し，n層膜厚d_Nを変化させた。電子や正孔の光励起が起源となる光電流は，**図**

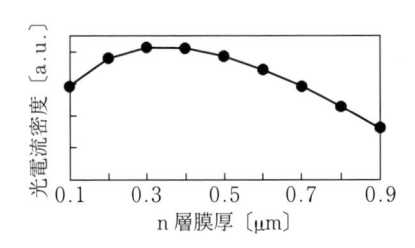

図7.10 GaAs太陽電池のn層膜厚と式(7.17)で表した光電流密度との関係

7.10 のようになる。

図 7.8 と同様に横軸は d_N,縦軸は式(7.17)から求められる光電流密度 J_{sh} を表している。GaAs の J_{sh} は,d_N が 0.3 μm 付近のときに最大となる。Si 太陽電池における最適な膜厚(4 μm)と比べ,約 1/10 の薄さである。これは,図 7.2 や図 7.3 で説明したように,GaAs は Si と比べて光を吸収しやすい材料で

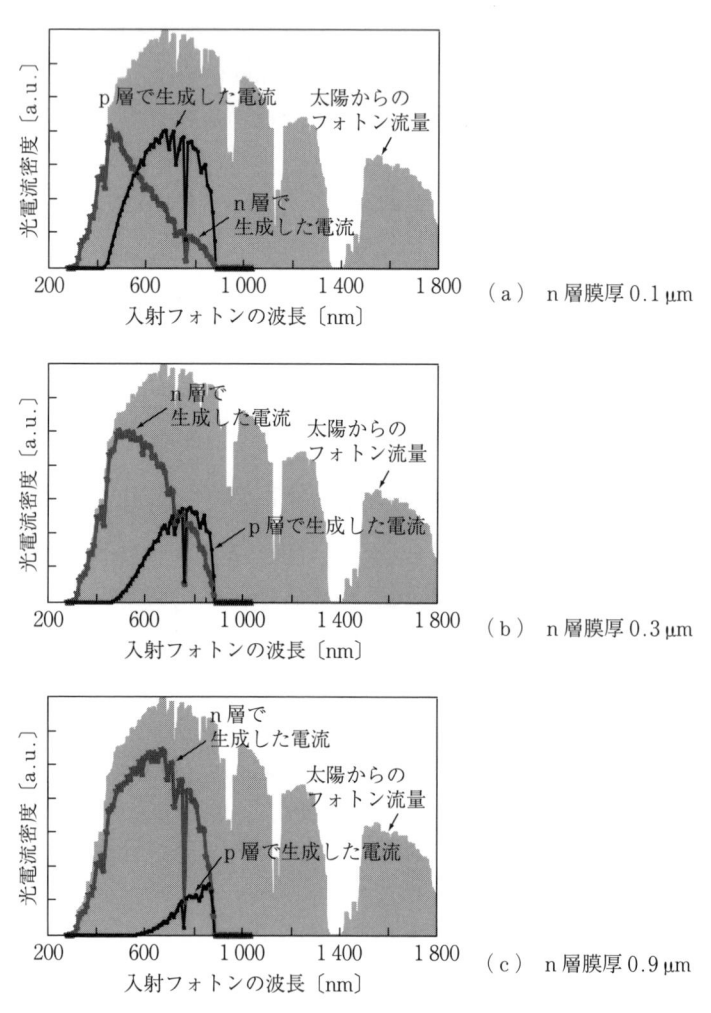

(a) n 層膜厚 0.1 μm

(b) n 層膜厚 0.3 μm

(c) n 層膜厚 0.9 μm

図 7.11 GaAs 太陽電池の n 層膜厚と式(7.13),式(7.15)で表される光電流密度の関係

あり，GaAs のほうがより薄い n 層で多くの光を吸収できることが原因である。

Si 太陽電池の場合と同様に，n 層，p 層それぞれで生成される光電流密度に注目して，膜厚の効果について考察しよう。図 7.11 に，入射フォトン流量 $\Phi_0(\lambda)$ と，n 層で生成された電流密度 $j_h(\lambda)$，p 層で生成された電流密度 $j_e(\lambda)$ との関係を示す。図(a)から図(c)まで，順に n 層膜厚 0.1 μm，0.3 μm，0.9 μm である。n 層膜厚が厚いほど，n 層や p 層で生成される光電流密度のピーク波長が長波長側になるなど，傾向は Si 太陽電池の場合と同様である。

GaAs 太陽電池の場合，n 層中における正孔の拡散距離が p 層中における電子の拡散距離の約 3 倍なので，Si 太陽電池と同様に，最適な n 層膜厚における $j_h(\lambda)$ は $j_e(\lambda)$ よりも大きい。しかし，Si 太陽電池における $j_h(\lambda)$ は $j_e(\lambda)$ の差に比べると，GaAs 太陽電池における電流の差は小さい。

以上より，光を吸収するために必要な半導体の厚みと，生じた電子や正孔の拡散距離とのトレードオフが導けた。最も大きい光電流密度 J_{sh}，そのときの n 層膜厚（最適な n 層膜厚），材料の吸収係数，少数キャリヤの拡散距離の間には以下の関係がある。

- 材料の吸収係数が大きければ大きいほど，最適な n 層膜厚は薄くなる。
- 最適な膜厚での J_{sh} における j_h，j_e の内訳は，拡散距離に依存し，拡散距離が長ければ長いほど光電流は大きくなる。

つぎに，本章で導入した膜厚 – 拡散距離トレードオフの結果と，6 章までに考えてきた電流値を比べてみよう。図 7.12(a)は Si の比較であり，図(b)は GaAs の比較である。膜厚 – 拡散距離トレードオフを導入しても，発電する電圧は 6 章までに取り扱ってきた太陽電池の電圧と同じと仮定する。

Si も GaAs も，式（7.16）で表される光電流密度のほうが 6 章までの光電流密度よりも小さい。また，GaAs のほうがより理想に近い。本章では，3 章で扱った透過損と熱損失以外にも，太陽電池の性能を妨げる要因が多く存在する例として，材料ごとに異なる半導体の光吸収係数を挙げた。これらのほかにも，太陽電池には，3 章で述べたような反射損失や，半導体の表面や界面で結晶の連続性が異なるために生じる表面再結合損失など，損失となる要因が多く

126   7. 理想条件の限界

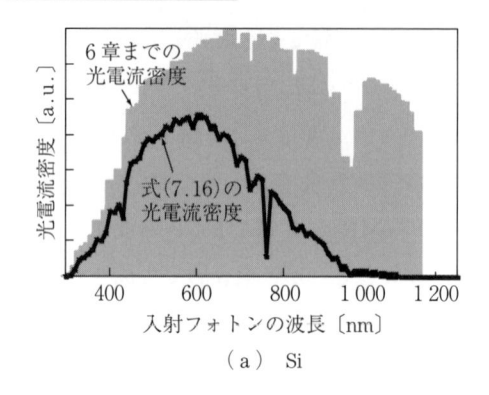

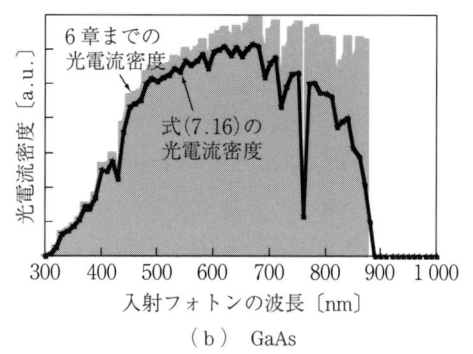

(a) Si

(b) GaAs

図 7.12 Si と GaAs における 6 章までの光電流密度と式 (7.16) で表される光電流密度の比較

存在する．しかしながら，本章で述べた吸収に必要な膜厚と拡散距離とのトレードオフは，より長い拡散距離を持つ材料をつくることによって解決することが可能である．このような課題を一つひとつ解決することにより，実際の太陽電池の変換効率は日々着実に理論変換効率へ近づいてきている．

　本章で伝えたかったのは，理論限界効率の否定ではなく，太陽電池に存在するさまざまな損失について詳しく分析することで，高効率化を目指すにはどのような方策を立てればよいかという方向性が示される，ということである．

　いつの日か，私たちの暮らしを変える太陽電池が登場することを願ってやまない．

8. 半導体の基礎

はじめに 本書で議論する太陽電池は**半導体**（semiconductor）を利用する。半導体の物性を述べるとき，どこから話をスタートするかで難易度が大きく変わる。本章では，「半導体は固有のエネルギーのギャップ（gap）を隔てて，電子の詰まった**価電子バンド**（valence band）と，そうでない**伝導バンド**（conduction band）を形成している[†1]」というとことから話を起こす。まず，代表的な半導体である Si についてバンド（band）の様子を眺め，バンドギャップ（band gap）のイメージをつかむ。そのあと，不純物を含まない**真性半導体**（intrinsic semiconductor），半導体と電子数の異なると不純物原子を添加した**外因性半導体**（extrinsic semiconductor）[†2] について述べる。外因性半導体には，余分な**電子**（electron）が伝導バンドに供出される n 型半導体と，不足電子が**正孔**（hole）として価電子バンドに供出される p 型半導体がある。これら電子状態の違いによって分類できる半導体において，電子，正孔の密度，分布，電子の存在確率が 50％になるフェルミ準位（Fermi level）がどのようになるかを明らかにし，半導体中の電子や正孔の移動について考える。最後に，太陽電池に使われる n 型半導体と p 型半導体を接合した pn 接合の特性を導く。本章では，大学学部の 3 年生程度までの知識で理解できるように，半導体の電子工学的な側面から見た詳細な物性を述べた。本書を読み進めるにあたって，ここで述べることは必ずしもすべてが必要というわけではない。つまり，

---

†1 価電子バンドを**価電子帯**，伝導バンドを**伝導帯**ともいう。
†2 **不純物半導体**（impurity semiconductor）ともいう。

8. 半導体の基礎

本書の目的とする太陽電池のエネルギー変換効率の計算は，それだけ独立した考え方の上に構築されているといえる。読み飛ばしていただいてもかまわないし，半導体太陽電池の高効率化に具体的な道を探りたいときの道しるべとしていただいてもかまわない。半導体だけについて学びたいときは，まず本章だけを読んでいただけるように，用語の定義など前章までと重複するが独立させた。

8.1 半導体のバンドギャップ

半導体は固有のエネルギーのギャップを隔てて，電子の詰まった価電子バンドとそうでない伝導バンドを形成している。と，先に実に曖昧に述べた。バンド内の電子の詰まり具合については，本章の最も重要な点であり，これから徐々に具体的になっていく。まずは，半導体のバンド構造の概略を見ていこう。

半導体で最も利用されているのがシリコン（Si）である。Siは原子番号14であるので，電子を14個持っている。原子核にまとわりつく電子の軌道は最もエネルギーが低いほうから順に，K殻，L殻，M殻，…と続く。これらは量子力学における主量子数nがそれぞれ1, 2, 3, …に相当する。じつのところは同じ主量子数でも方位量子数によって電子の軌道は異なるが，本文ではこれ以上触れない[†]。それぞれの殻に入る電子数は量子数によって決まっており，K殻

[†] **方位量子数によって電子の軌道は異なる**　電子は方位量子数に応じて異なる軌道に入る。方位量子数lは0から始まる整数で表され，順にs軌道，p軌道，d軌道，f軌道，…とこちらも名前が付けられている。方位量子数lは$0 \sim n-1$の間の整数の値をとる。それぞれの軌道には$2(2l+1)$の数だけ電子が入ることができる。つまり，先に述べた各殻に入る電子数はこのルールで決まっているのである。

　Siの場合，M殻の電子は，もう少し細かく見れば，s軌道に2個，p軌道に2個入っている。これはSiが孤立した状態で存在している場合である。しかし，結晶化してSi原子どうしの距離が近づき，たがいに相互作用が可能となると，s軌道とp軌道が混じり合い，混成した等価な軌道（**混成軌道**）をつくる。4個の電子はパウリの排他律によって混成軌道に等しく分配され，正四面体頂点方向の四つの方向に等しく電子の軌道が伸びている。混成軌道は，s軌道に入る2個の電子とp軌道に入る6個の電子の，合わせて8個の電子で満たされると安定になる。つまり，正四面体方向に伸びた四つの混成軌道にそれぞれ二つの電子が入る。

には2個，L殻には8個，M殻には18個，とエネルギーの大きな外の軌道ほど収まる電子数はどんどん増えていく。

Siに話を戻せば，電子を14個持っているので，K殻に2個，L殻に8個というように，それぞれ満たされて詰まっているが，M殻には18個入ることができるところ残りの電子はもうあと4個しかない。この最外殻に入っている4個の電子を**価電子**といい，半導体物性すべてにおいて重要な働きをする。この4個の電子はSi原子どうしを結合させる働きも担っている。Si原子の最外殻の4個の等価[†1]な電子が最もバランスよく配置するのは，**図8.1(a)**のような正四面体構造である。この構造は同じくIV族の原子である炭素Cからなるダイヤモンドとも同じで，**ダイヤモンド構造**と呼ばれている。

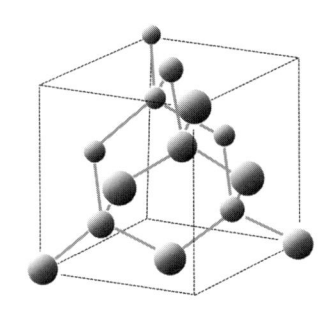

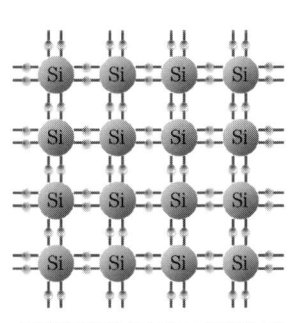

正四面体頂点方向に伸びた正四面体頂点方向の結合手を平面的に模式的に表している。

（a） Siの結晶構造　　　　（b）　電子の共有

図8.1　Siの結晶構造と電子の共有

隣どうしのSi原子は，図(b)のように電子を一つずつ出し合って結合している。このように電子を共有して結合しているので**共有結合**と呼ぶ。結合に使われる4個の電子以外の内殻の電荷は$+4e$ ($e=1.6\times10^{-19}$ C)であるので，原子間に位置する[†2]負の電荷を持った電子はクーロン力によって原子どうし

---

†1　4個の電子が等価になるのは，前ページ脚注で述べた混成軌道のためである。
†2　結合電子が原子間に位置するのはなぜだろうか。電子の全エネルギーは一定であるので，クーロンポテンシャル（位置エネルギー）が最大となる原子間の中間部では運動エネルギーが最低となり，確率的にとどまりやすい。荒っぽい考え方であるが，イメージがつかみやすいと思う。

8. 半導体の基礎

を引き付ける。

原子間のクーロンポテンシャルは**図8.2**のようなイメージで考えられる。

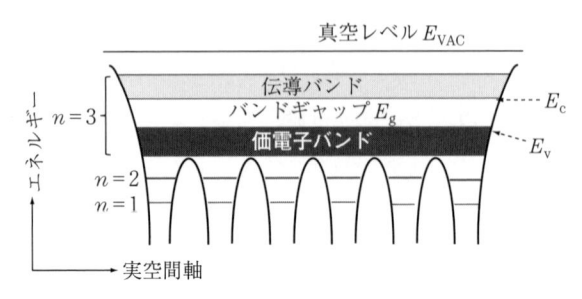

図8.2 結合したSi原子がつくるクーロンポテンシャルと電子軌道

原子間のクーロンポテンシャルの源はもちろんクーロン力 F であり，正電荷と負電荷が引き付けあう力である。クーロン力は電荷間の距離 r の2乗に反比例する。すなわち，$F \propto 1/r^2$ である。

一方，クーロンポテンシャル E_P の1階微分がクーロン力であるので，$F = -\nabla E_P$ より $r=\infty$ での真空準位を E_{VAC} とすると，$E_P \propto E_{VAC} - 1/r$ となる。これを足し合わせていくと図の実線のようになる。図では6個のSi原子が一列に並んだ様子を示しており，両端の結晶表面では $E_P \propto E_{VAC} - 1/r$ に従って変化している。主量子数 $n=1, 2$ の内殻電子がつくるバンドはそれぞれのSi原子に局在するが，最外殻 $n=3$ に入っているSi原子1個当りに付随する4個の電子はクーロンポテンシャルの束縛を逃れ，Si原子に局在せず，隣合う原子にまで広がって相互作用し結合に寄与しているのは先に述べたとおりである。この電子の軌道どうしの相互作用によってバンドギャップが開き，電子が詰まった価電子バンドと，電子が入っていない伝導バンドを形成するのである。ここでは，これ以上相互作用の細部には立ち入らない。

バンドギャップの大きさは半導体の材料によって異なる。**表8.1**に太陽電池によく使われる半導体のバンドギャップを示す。バンドギャップエネルギー E_g は非常に小さいので，電子1個を1Vで加速したときに得られるエネルギーである 1.6×10^{-19} Jを単位として表し，エレクトロンボルト（eV）と表記される。

8.1 半導体のバンドギャップ

表 8.1 半導体の
バンドギャップ

半導体	E_g [eV]
Ge	0.67
Si	1.12
InP	1.35
GaAs	1.43
GaN	3.39

　光の波長とエネルギーの関係については 2.1 節で述べたとおりであるが，可視光の波長範囲 400〜800 nm に相当するエネルギー範囲はおよそ 3.1〜1.6 eV である。さらに，エネルギーの小さな近赤外光まで含めれば，光のエネルギー範囲はほぼ主要な半導体のバンドギャップをカバーする。この幸運がわれわれに太陽電池などの半導体を利用したさまざまな光デバイスの実現をもたらしているともいえよう。

　では，このようなバンドギャップを持つ半導体に光が入射する場合を考える。図 8.3 (a) はバンドギャップよりも小さなエネルギーの光（波長の長い光）が半導体に入射した場合であり，図 (b) は大きなエネルギーの光（波長の短い光）が入射した場合であり，半導体による光の吸収の様子を示している。ここで，E_C は伝導バンドの下端エネルギー，E_V は価電子バンドの上端エネルギーである。バンドギャップ E_g は $E_C - E_V$ に等しい。

　外部から半導体に入射する光のエネルギーが十分大きければ，価電子バンドの電子が励起されて伝導バンドに移動する†。逆に，入射する光のエネルギー

---

† ここでもいろいろ無視している。半導体には直接遷移型の半導体と間接遷移型の半導体があり，波数空間でバンドを描いたときに同じ波数で遷移する半導体を**直接遷移型半導体**と呼び，そうでないものを**間接遷移型半導体**と呼ぶ。InP, GaAs, GaN などは直接遷移型半導体であるが，Si や Ge は間接遷移型の半導体である。間接遷移型半導体では光学遷移の始状態と終状態の波数が異なるため，フォノンの助けが必要になる。そのため光学遷移強度も直接遷移型に比べて小さく，太陽電池に及ぼす影響は 7 章で述べた。さらに，バンド間で光学遷移を完了するためには，始状態と終状態の電子軌道分布の対称性が異ならなければならないということについてもコメントしておく。より高度な半導体の量子構造を利用した太陽電池の設計をする際には非常に重要になる要素である。

8. 半導体の基礎

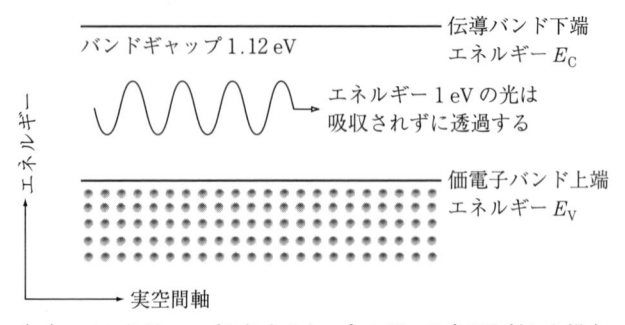

(a) バンドギャップより小さなエネルギーの光が入射した場合

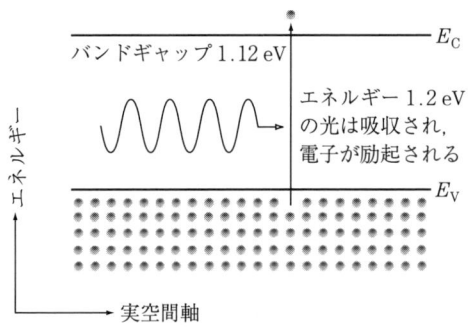

(b) バンドギャップより大きなエネルギーの光が入射した場合

図 8.3 バンドギャップ 1.12 eV の Si に入射した光の吸収

が半導体のバンドギャップよりも小さいと，光は半導体に吸収されずに，そのまま透過してしまう．バンドギャップの大きな半導体を太陽に透かして見たときに見える色は，吸収されずにそのまま通過した透過した光の色である．図 8.3 に Si に入射する異なるエネルギー（異なる波長）の光について考えた．Si のバンドギャップは室温で 1.12 eV である．ここに，エネルギー 1 eV，すなわち波長約 1.24 μm の光が入射する場合，入射する光のエネルギーはバンドギャップよりも小さいので，光は吸収されずにそのまま半導体を通過する．これを**透過**するという．一方，エネルギー 1.2 eV，すなわち波長約 1.03 μm の光が入射すると，光のエネルギーはバンドギャップよりも大きいので，価電子バンドにある電子を励起して，伝導バンドに伝導できる電子をつくり出す．

半導体のバンドギャップより小さなエネルギーの太陽光の一部が透過すると

いうことは，太陽電池にとっては損失となる．

8.2 真性半導体

価数の異なる不純物や結晶欠陥を含まない半導体を**真性半導体**という．そのため，真性半導体では，結晶自体に電子，あるいは電子の抜けた不足電子である正孔があらかじめ過剰にある状態にはない．伝導バンドの電子は価電子バンドから光や熱による励起によって生成される．価電子バンドの正孔は励起されて抜けた不足電子である．つまり，伝導バンドの電子と価電子バンドの正孔の数はつねに等しい．光が当たらない暗黒な状態で，かつ，絶対ゼロ度（0 K[†]）の場合にはいかなる励起も起こらないので，伝導バンドに電子はなく，価電子バンドはすべて電子で満たされている．熱平衡状態の伝導バンドの電子の密度を n_0，価電子バンドの正孔の密度を p_0 とすると

$$n_0 = p_0 = n_i \tag{8.1}$$

となる．ここで，n_i は真性半導体における電子密度と正孔密度に等しい真性キャリヤ密度と呼ばれる量である．絶対ゼロ度ではなく，ある有限の温度でのキャリヤ密度については次節で詳しく取り扱う．

図8.4に，バンド構造における価電子バンドから伝導バンドへの励起と，これに対応した，実空間における電子の励起のイメージを示す．例えば，バンドギャップ以上のエネルギーを持った光が半導体に入射すると，価電子バンドを満たした電子の一部が伝導バンドに励起される．励起された電子は，図(a)のように，自由に半導体結晶中を移動できる．しかし，価電子バンドに不足電子の状態である正孔が存在していれば，ある一定の確率で，自由に動き回る電子は正孔と再び出会い，電子は正孔を埋め，中性の状態に落ち着く．これを**再結合**（recombination）という．このときの様子を図(b)のバンド構造でみると，伝導バンドにある電子が，価電子バンドめがけてエネルギーを失って落ちてい

[†] 絶対温度の単位を「ケルビン」と読む．273 K が 0°C である．

134   8. 半導体の基礎

(a)

正孔
励起された電子

(b)

伝導バンド下端エネルギー E_C
バンドギャップ E_g
励起
価電子バンド上端エネルギー E_V
エネルギー
実空間軸

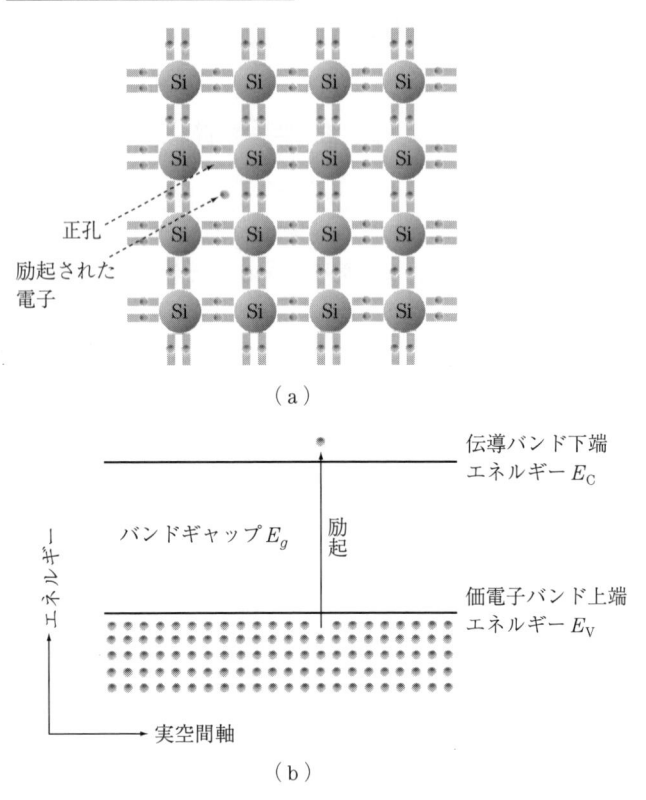

図 8.4 バンド構造における価電子バンドから伝導バンドへの励起(図(a))と,これに対応した,実空間における電子の励起のイメージ(図(b))

く。これを**エネルギー緩和**(energy relaxation)という。この緩和過程では,バンドギャップに相当する余剰エネルギーが光や熱を放出することによって補償される。光を放出する過程を**輻射**[†](あるいは**発光**)**再結合**(radiative recombination),熱を放出する過程を**非輻射再結合**(nonradiative recombination)という。

伝導バンドに励起生成される電子の数は入射する光の量子化した状態である光子(photon)の数に比例しており,1 個の光子が 1 対の電子と正孔をつくり出すような理想的な場合を,量子効率が 100 % であるという。実際には 100 %

---

† 輻射を**放射**ともいう。

とはならない。いったいどの程度の数の光子が光に含まれるのであろうか。例えば，太陽光が地上にふりそそぐ強度は 1 cm^2 当り約 100 mW である。光の強度の単位であるワット（W）は 1 s 当りのエネルギー（単位はジュール（J））である。つまり，1 cm^2 当り 100 mW の光が照射する，というのは「1 s 間に 1 cm^2 当り 100 mJ の光のエネルギーが照射する」ということになる。太陽光は黒体輻射によって波長が連続的に変化しているので，正確に光子数を計算するためには太陽光のスペクトル構造を考慮しなければならない。ここでは，光子のイメージをつかむことが目的であるので，100 mJ の光は波長 500 nm 程度の緑色の単色の光であると考える。この光子のエネルギーを 2.5 eV とすると，1 s 間に 1 cm^2 当りに照射する 100 mJ の光に含まれる光子数は

$$\frac{100\times 10^{-3}\,\text{J}}{2.5\,\text{eV}\times(1.6\times 10^{-19}\,\text{J/eV})}=2.5\times 10^{17} \quad \text{個} \tag{8.2}$$

となる。すなわち，このような光が入射すると半導体中には同程度の多数の電子と正孔が生成される。

8.3 外因性半導体

価数の異なる原子を不純物としてわずかに含む半導体を**外因性半導体**という（**不純物半導体**ともいう）。電子を過剰に供給する不純物原子を**ドナー**（donor）と呼び，これを含む半導体を **n 型半導体**という（**図 8.5**(a)）。一方，正孔を過剰に供給する不純物原子を**アクセプタ**（acceptor）と呼び，これを含む半導体を **p 型半導体**という（図(b)）。

外因性半導体では $n_0 \neq p_0$ となる。n 型半導体では $n_0 > p_0$，p 型半導体では $n_0 < p_0$ である。例えば，Si は IV 族の半導体であるので，最外殻に価電子 5 個を持った V 族の元素であるリン P などを添加すると，P 原子 1 個当り 1 個の余剰電子が供給され，$n_0 > p_0$ となる。一方，最外殻に価電子を 3 個しか持たない III 族の元素であるホウ素 B などを添加すると，B 原子 1 個当り 1 個の不足電子，すなわち正孔が供給され，$n_0 < p_0$ となる。

8. 半導体の基礎

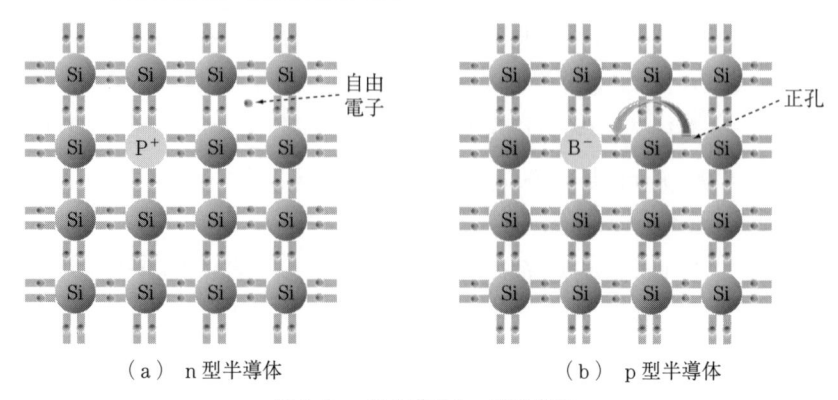

図8.5　n型半導体とp型半導体

(a) n型半導体　　(b) p型半導体

　SiにPを添加したn型半導体の場合，価電子5個を持つP原子のうち1個は結合にあずかることができず，余ってしまう。この余剰電子は温度が十分低ければ，P原子から電子1個を奪ったイオンP^+の周辺にクーロン力によって引き付けられていて電気的に中性になっている。しかし，温度が上がり，熱エネルギーがクーロンポテンシャルを超えてしまうと，P^+に電子を引き付けておくことができなくなり，電子は自由に漂ってしまう。この様子についてはこのあとで詳しく述べる。真性半導体と異なるのは，外因性半導体では電子が生成されるために正孔ができる必要はないので，再結合すべき正孔はない。

　SiにBを添加したp型半導体の場合は逆に価電子が3個しかないので，ダイヤモンド構造の四つの結合のうち一つに電子が不足してしまい，正孔となる。n型半導体のときと同様に，温度が十分低ければ，正孔はB^-イオンに引き付けられていて電気的に中性になっている。しかし，この場合も温度が上昇するとB^-から正孔が離れて移動してしまう。n型半導体の電子とやや違うのは，正孔は近くの電子が移動して埋めることによって新たな別の結合に正孔が生じる。この連続した繰返しが価電子バンド中の正孔の移動の実空間におけるイメージである。

8.4 不純物のエネルギー準位とキャリヤの生成

　n型半導体のドナーは余剰の電子を伴っている（極低温での話しである）。このときドナーは電気的に中性状態にある。しかし，先に述べたように，温度が上がると電子がドナーの元を離れ自由に移動し，ドナーはイオン化する。p型半導体におけるアクセプタも同じである。では，どの程度の温度になればドナーやアクセプタはイオン化し，自由に移動するキャリヤができるのであろうか。不純物のエネルギー準位の深さと熱エネルギーの大小関係でこの様子が決まる。

　まず，n型半導体を考える。1価の陽イオンであるドナーイオンと1価の負イオンである電子はちょうど原子番号1の水素原子と同じである。そこで，電荷$-e$の電子と電荷$+e$のドナーイオンの間に作用するクーロンポテンシャルを考える。クーロン力Fは

$$F = \frac{-e^2}{4\pi\varepsilon r^2} \tag{8.3}$$

で表される。ここで，rはドナーイオンと電子の距離，εは半導体の誘電率[†1]である。クーロン力FとクーロンポテンシャルE_Pの関係は先に述べたように$F = -\nabla E_P$なので

$$E_P = E_C - \frac{e^2}{4\pi\varepsilon r} \tag{8.4}$$

となる。ここで，電子が原子の束縛を受けずに自由に動けるエネルギーレベルを伝導バンドの下端のエネルギーであるE_Cとした。式（8.4）を使って計算したE_Pを図8.6に示す。

　一方，半径rの円軌道を速度vで運動している質量[†2]m_e^*の電子は，クーロ

[†1] 真空の誘電率ε_0は，光の速度をcとすると，$10^7/4\pi c^2$で与えられ，約8.854×10^{-12} F/mである。物質の誘電率εは固有の比誘電率ε_rを真空の誘電率に掛けたものであり，$\varepsilon = \varepsilon_r \varepsilon_0$で表される。

[†2] 半導体中の伝導バンドにある電子の質量m_e^*は，真空中の電子の質量$m_0 = 9.11 \times 10^{-31}$ kgと異なる。結晶中の電子の質量は有効質量と呼ばれ，結晶格子の周期ポテンシャル中を弱く束縛されながら移動する電子の運動を織り込んだ質量である。

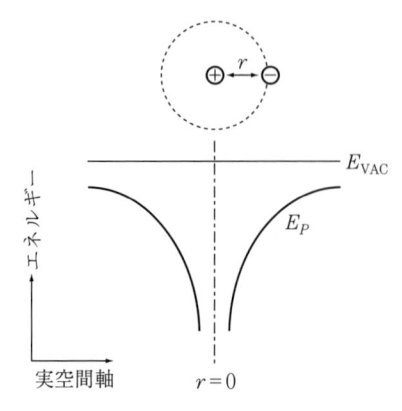

図 8.6 ドナーイオンと電子がつくるクーロンポテンシャル E_P

ン力（向心力）と遠心力が釣り合っているので

$$\frac{e^2}{4\pi\varepsilon r^2} = \frac{m_e^* v^2}{r} \tag{8.5}$$

となる。この関係を使って運動エネルギー E_K を求めると，式（8.6）のようになる。

$$\begin{aligned} E_K &= \frac{1}{2} m_e^* v^2 \\ &= \frac{e^2}{8\pi\varepsilon r} \end{aligned} \tag{8.6}$$

したがって，系の全エネルギー E はクーロンポテンシャルエネルギー E_P と運動エネルギー E_K の和になるので，式（8.7）のように整理できる。

$$\begin{aligned} E &= E_P + E_K \\ &= \left(E_C - \frac{e^2}{4\pi\varepsilon r}\right) + \frac{e^2}{8\pi\varepsilon r} \\ &= E_C - \frac{e^2}{8\pi\varepsilon r} \end{aligned} \tag{8.7}$$

ところで，角運動量 L は古典論では任意の値を取るが，原子のスケールでは量子化されて飛び飛びの値をとる。完全な軌道に沿った角運動量の積分がプランク定数 h の整数倍になると仮定すると，$L = m_e^* v r = n\hbar$ となる。ここで n は正の整数であり，$\hbar = h/2\pi$ である。この条件を満足するかぎり，電磁波の放出や吸収は起こらないと仮定している。

8.4 不純物のエネルギー準位とキャリヤの生成

式 (8.5) と $L = m_e^* vr$ より

$$m_e^* v^2 = \frac{e^2}{4\pi\varepsilon r} \Rightarrow \frac{m_e^{*2} v^2 r^2}{m_e^* r^2} = \frac{e^2}{4\pi\varepsilon r} \Rightarrow \frac{L^2}{m_e^* r} = \frac{e^2}{4\pi\varepsilon}$$

$$\therefore r = \frac{4\pi\varepsilon}{m_e^* e^2} L^2 \tag{8.8}$$

となる。$L = n\hbar$ を上式に代入して量子化すると，量子化した半径 r_n は式 (8.9) のようになる。

$$r_n = \frac{4\pi\varepsilon}{m_e^* e^2} n^2 \hbar^2 \tag{8.9}$$

式 (8.7) の r を量子化した r_n で置き換えると，量子化したエネルギー準位 E_n が式 (8.10) のようになる。

$$E_n = E_C - \frac{e^2}{8\pi\varepsilon r_n}$$

$$= E_C - \frac{m_e^* e^4}{32\pi^2 \varepsilon^2} \cdot \frac{1}{n^2 \hbar^2} \tag{8.10}$$

以上のように，水素原子モデルを使って，ドナーの軌道半径とエネルギー準位を導いた。軌道半径 r_n は量子数 n^2 に比例し，エネルギー準位は n^2 に反比例するのが特徴である。図 8.7 に Si に P を添加したときのエネルギー準位を，式 (8.10) を用いて計算した結果を示している。図 (a) はバンドギャップ中の P ドナーの基底エネルギー E_D であり，最もエネルギーの小さい E_1 に相当する。計算によると，E_D は伝導バンド下端より 0.107 eV 下に位置する。しかし実験

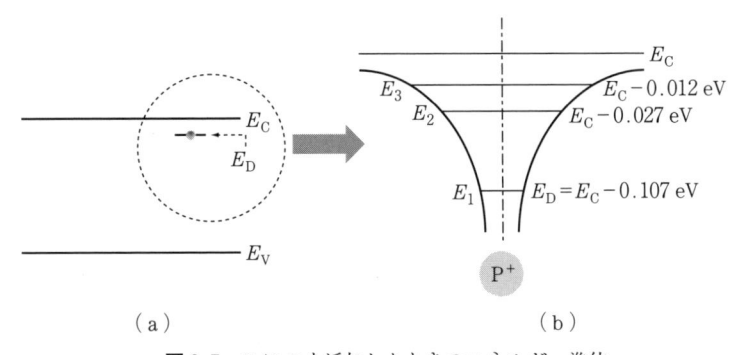

図 8.7 Si に P を添加したときのエネルギー準位

では，0.045 eV であり，一致しない。基底エネルギーの軌道半径 r_1 は式 (8.9) より 0.57 nm である。これが Si の結晶格子定数 0.543 nm に比べて十分に大きくないために，半導体の巨視的な誘電率 ε を利用していることが原因である。E_2 以上の励起準位では r_n の大きさは格子定数に比べて十分大きくなり，実験値とも良い一致を示すようになる。以上のように，水素原子モデルはドナーの不純物エネルギー準位の形成を定性的に理解する上で十分であるといえる。

ドナーの基底準位 E_D は伝導バンド直下の浅いところにあり，27°C (300 K) 程度の室温でも励起が可能になる。温度に依存したバンド内でのキャリヤ分布については次節で詳しく述べる。ドナーから励起され，束縛を受けなくなった電子は図 8.8 のように伝導バンドを自由に移動することができ，電気伝導に寄与することになる。

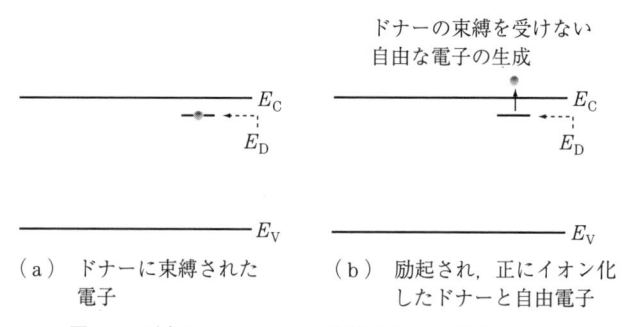

図 8.8 励起によるドナーに束縛されない電子の生成

アクセプタ不純物を添加する場合もまったく同じように考えることができる。エネルギー準位は式 (8.11) で与えられる。

$$E_n = E_V + \frac{m_e^* e^4}{32\pi^2 \varepsilon^2} \cdot \frac{1}{n^2 \hbar^2} \tag{8.11}$$

バンドギャップ内でのアクセプタがつくるエネルギー準位を図 8.9 に示す。ドナーの場合と同様に，アクセプタ基底準位 E_A は価電子バンド直上の浅いところにあり，室温でも励起が可能になる。アクセプタから励起され，束縛を受けなくなった正孔は図 8.9 のように価電子バンドを自由に移動することができ，電気伝導に寄与することになる。

8.4 不純物のエネルギー準位とキャリヤの生成

（a）アクセプタに束縛
された正孔

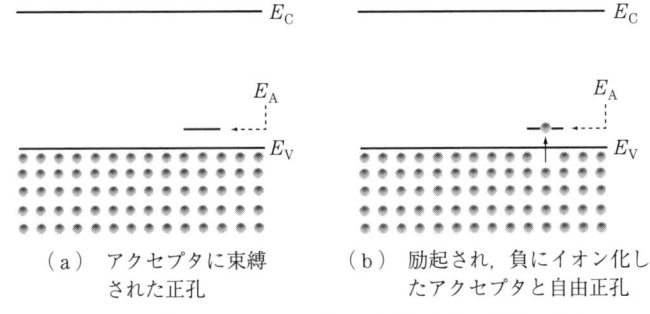

（b）励起され，負にイオン化し
たアクセプタと自由正孔

図 8.9 励起によるアクセプタに束縛されない正孔の生成

ところで，電流を運ぶのは負電荷を持った電子である。電子は 1 個当り -1.6×10^{-19} C の電荷を運ぶ。電流とは単位時間当りに運ばれる電荷であるので，移動する電子数が電流の大きさに相当する。いま，単位面積を通過する電流密度を J とすると，電子の密度 n と電子の平均速度 $\langle v_e \rangle$ より，式（8.12）のようになる。

$$J = -en\langle v_e \rangle \tag{8.12}$$

また，個々の電子の速度を v_{ei}，体積を V とすると

$$\langle v_e \rangle = \frac{1}{V} \sum_i v_{ei}$$

で表される。すなわち，バンドがすべて電子で満たされていると v_{ei} に対して $-v_{ei}$ がすべて存在する†ので，$\langle v_e \rangle = 0$ となって，結局 $J = 0$ となり，電流は流れない。極低温で暗黒に置かれた真性半導体では伝導バンドに電子はないので電流は流れないのである。n 型半導体の場合，有限温度でドナー準位から励起された自由電子が伝導バンドに存在するので，電流が流れる。

一方，p 型半導体の場合はどうなるであろうか。有限の温度で価電子バンド

---

† これを証明するには，波数 K とエネルギー E の関係について述べなければならない。粒子のエネルギーが伝搬する重心運動の速度は**群速度**（group velocity）と呼ばれ

$$\frac{1}{\hbar} \cdot \frac{dE}{dK}$$

と定義される。エネルギーの分散 $E(K)$ は K の正負に対して対称であるので，v_{ei} に対して $-v_{ei}$ がすべて存在することになる。本書では混乱を避けるため，波数空間でのエネルギー分散については言及しない。

からアクセプタ準位に電子が励起され，価電子バンドには電子が不足した正孔が残される。価電子バンドには不足した電子と速度が真反対向きの電子があるはずで，電流はこの電子の移動によって生じる。この正孔ができたために相手を持たなくなる電子の速度を v_{uei} で表すと電流 J は

$$J = -\frac{e}{V}\sum_i v_{\text{uei}} \tag{8.13}$$

となる。正孔の速度を v_{hi} とすると

$$\sum_i v_{\text{uei}} = \sum_i (v_{\text{ei}} - v_{\text{hi}})$$

であるので

$$\begin{aligned} J &= -\frac{e}{V}\sum_i v_{\text{uei}} = -\frac{e}{V}\sum_i (v_{\text{ei}} - v_{\text{hi}}) \\ &= -\frac{e}{V}\left(\sum_i v_{\text{ei}} - \sum_i v_{\text{hi}}\right) = \frac{e}{V}\sum_i v_{\text{hi}} \\ &= ep\langle v_{\text{h}}\rangle \end{aligned} \tag{8.14}$$

となる。ここで，p は正孔の密度，$\langle v_{\text{h}}\rangle$ は正孔の平均速度である。つまり，p型半導体では正孔の $+e$ の電荷が電流を運ぶと考えてよい。

8.5 バンド中のキャリヤ分布

これまで伝導バンド，価電子バンドを一様に書いてきた。エネルギー的に電子が占有できる状態密度が変化するかどうかについては何も言及しなかった。しかし実際には，状態密度はエネルギーに依存する。半導体内でも真空中のように自由に運動できる電子を仮定すれば，伝導バンド中の電子の状態密度は式 (8.15) で与えられる。

$$D_{\text{e}}(E) = \frac{1}{2\pi^2}\left(\frac{2m_e^*}{\hbar^2}\right)^{3/2}\sqrt{E - E_{\text{C}}} \tag{8.15}$$

この状態密度の式を導くのはさほど難しい問題ではないが，本書で避けている波数空間での自由電子のエネルギー分散曲線を使って考察する必要がある。

詳しい導出は他書に譲る。電子は伝導バンド下端で状態密度がゼロであり，エネルギーが増えるに従って平方根で比例して大きくなる。

価電子バンド中の正孔の状態密度についても同様に式 (8.16) で与えられる。

$$D_\mathrm{h}(E) = \frac{1}{2\pi^2}\left(\frac{2m_h^*}{\hbar^2}\right)^{3/2}\sqrt{E_\mathrm{V} - E} \tag{8.16}$$

キャリヤの状態密度の変化を図 8.10 に示す。バンドギャップを挟んで電子は伝導バンド下端から離れるに従って状態密度が大きくなり，正孔も価電子バンド上端からバンド内に向かって離れるに従って状態密度が同じように大きくなる。

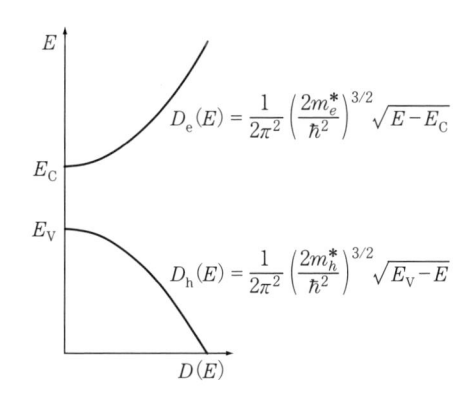

図 8.10 伝導バンドにおける電子の状態密度と価電子バンドにおける正孔の状態密度

以上のように，電子や正孔の状態密度のエネルギー依存性がわかった。これにそれぞれのキャリヤの分布関数を掛けると，キャリヤ密度が求まる。

電子の分布関数はフェルミ・ディラック (Fermi-Dirac) 統計により，式 (8.17) で与えられる。

$$f_\mathrm{e}(E) = \frac{1}{1+\exp\left(\dfrac{E-E_\mathrm{f}}{kT}\right)} \tag{8.17}$$

ここで，E_f はフェルミ (Fermi) 準位，T は絶対温度，k はボルツマン (Boltzmann) 定数といい，約 1.38×10^{-23} J/K である。式 (8.17) をいくつかの温度について計算した結果を図 8.11 に示す。真性半導体の場合，後で証明

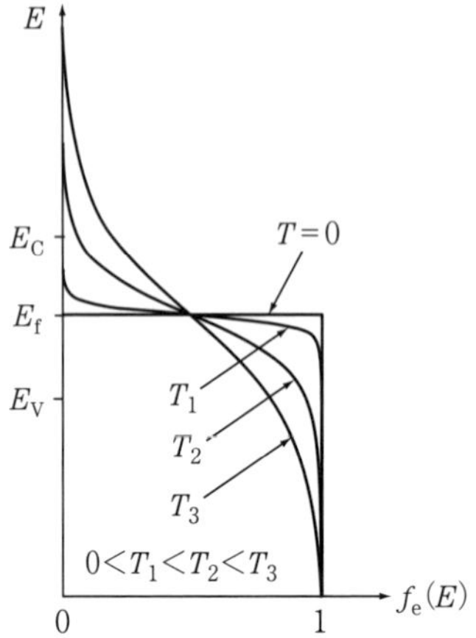

図 8.11 異なる温度における電子の分布関数

するようにフェルミ準位はバンドギャップのほぼ中央にある。図では真性半導体の様子を描いていると考えてほしい。

0 K ではフェルミ準位以下のエネルギーの電子の占有確率が 1 であり，フェルミ準位以上では電子は存在しない。有限の温度の場合，フェルミ準位近傍における分布関数の変化は温度の上昇に伴ってなだらかになる。フェルミ準位はちょうど占有確率が 1/2 になるところに相当する。この図でいえば T_2 や T_3 のように温度が十分高くなれば，伝導バンドに有限の電子が占有されることがわかる。これが電子の熱励起にほかならない。ところで，温度のエネルギーは kT で与えられ，室温の 300 K でおおよそ 26 meV 程度である。伝導バンド下端 E_C 以上の大きなエネルギーでは式 (8.17) の分母にある $E - E_f$ は eV のオーダであるので，$E - E_f \gg kT$ と近似してよい。したがって，伝導バンド内での電子の分布関数は

$$f_e(E) \fallingdotseq \exp\left(-\frac{E - E_f}{kT}\right) \tag{8.18}$$

と近似して表される。これを**ボルツマン分布**という。

電子占有していない確率の分布が正孔の分布関数であるので，正孔の分布関数は，式 (8.19) のようになる。

$$f_h(E) = 1 - f_e(E)$$

8.5 バンド中のキャリヤ分布

$$= 1 - \frac{1}{1 + \exp\left(\frac{E - E_f}{kT}\right)}$$

$$= \frac{1}{1 + \exp\left(\frac{E_f - E}{kT}\right)} \tag{8.19}$$

電子の場合と同様に,有限温度では価電子バンドに有限の正孔が占有される。価電子バンド上端 E_V 以下のフェルミ準位から十分離れたエネルギーでは式 (8.19) の分母にある $E_f - E$ も eV のオーダであるので,$E_f - E \gg kT$ と近似してよい。したがって,価電子バンド内での正孔の分布関数は,式 (8.20) のように近似できる。

$$f_h(E) \doteqdot \exp\left(-\frac{E_f - E}{kT}\right) \tag{8.20}$$

以上に求めたキャリヤの状態密度と分布関数を用いて,キャリヤ密度を計算することができる。キャリヤ密度は状態密度と分布関数の積で表される。電子と正孔のエネルギー分布は,それぞれ式 (8.21),(8.22) のようになる。

(電子) $n(E) = D_e(E) f_e(E)$ (8.21)

(正孔) $p(E) = D_h(E) f_h(E)$ (8.22)

これらを**図 8.12** に示す。

伝導バンド中の電子の状態密度と電子分布関数の積が電子密度を表し,バン

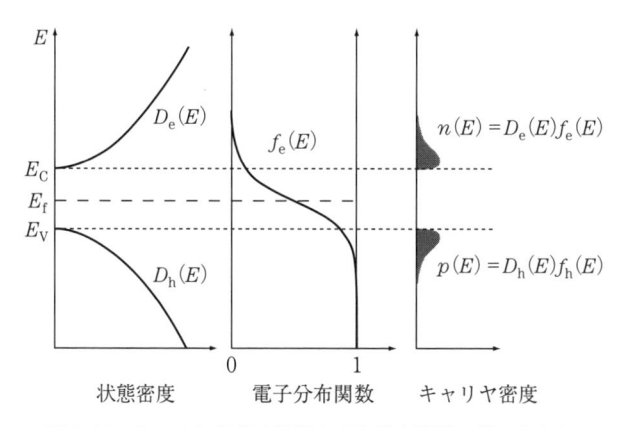

図 8.12 キャリヤ密度は状態密度と分布関数の積で表される

ド端からエネルギーが大きくなるに従って,状態密度の増加に支配されて電子密度が大きくなり,$E-E_C=kT/2$でピーク[†]を迎えたあとは,電子分布の占有確率の減少に支配されて電子密度は減少する。価電子バンド中の正孔のエネルギー分布についても同様である。

エネルギー空間で積分したトータルの電子密度と正孔密度は,式 (8.23),(8.24) で与えられる。

(電子密度)

$$n_0 = \int_{E_C}^{\infty} D_e(E) f_e(E) dE$$

$$= \frac{1}{2\pi^2} \left(\frac{2m_e^*}{\hbar^2}\right)^{3/2} \int_{E_C}^{\infty} \sqrt{E-E_C} \exp\left(-\frac{E-E_f}{kT}\right) dE$$

$$= N_C \exp\left(-\frac{E_C-E_f}{kT}\right) \tag{8.23}$$

(正孔密度)

$$p_0 = \int_{-\infty}^{E_V} D_h(E) f_h(E) dE$$

$$= \frac{1}{2\pi^2} \left(\frac{2m_h^*}{\hbar^2}\right)^{3/2} \int_{-\infty}^{E_V} \sqrt{E_V-E} \exp\left(-\frac{E_f-E}{kT}\right) dE$$

$$= N_V \exp\left(-\frac{E_f-E_V}{kT}\right) \tag{8.24}$$

ここで,N_C,N_V はそれぞれ電子,正孔の**有効状態密度**と呼ばれ,式 (8.25),(8.26) で定義される。

$$N_C = 2 \left(\frac{m_e^* kT}{2\pi \hbar^2}\right)^{3/2} \tag{8.25}$$

$$N_V = 2 \left(\frac{m_h^* kT}{2\pi \hbar^2}\right)^{3/2} \tag{8.26}$$

[†] 簡単な問題であり,各自導いてみよう。

8.6 フェルミ準位

前節の考察で,熱平衡状態の電子密度 n_0 と正孔密度 p_0 を導いた。これらの積は式(8.27)のようになり,縮退していない半導体[†]であればどのような半導体でも成立する。

$$\begin{aligned}
n_0 p_0 &= N_C N_V \exp\left(-\frac{E_C - E_f}{kT}\right) \exp\left(-\frac{E_f - E_V}{kT}\right) \\
&= N_C N_V \exp\left(-\frac{E_C - E_V}{kT}\right) \\
&= N_C N_V \exp\left(-\frac{E_g}{kT}\right)
\end{aligned} \quad (8.27)$$

真性半導体では $n_0 = p_0$ なので,これを真性キャリヤ密度 n_i とおくと,式(8.28)のようになる。

$$\left.\begin{aligned}
n_0 p_0 &= n_i^2 \\
n_i &= \sqrt{n_0 p_0} \\
&= \sqrt{N_C N_V} \exp\left(-\frac{E_g}{2kT}\right)
\end{aligned}\right\} \quad (8.28)$$

すなわち,半導体の電子密度と正孔密度の積は,有効質量,バンドギャップの物質定数と温度だけで決まり,式(8.28)は電子と正孔の密度の相対的な大きさを規制する法則であり,**質量作用の法則**(mass action law)と呼ばれる。

例えば,室温における Si の真性キャリヤ密度 n_i を求めてみよう。バンドギャップは室温で 1.124 eV,電子の有効質量 m_e^* は $1.09 m_0$,正孔の有効質量 m_h^* は $0.54 m_0$ である。これらを式(8.28)に代入すると

[†] 半導体に不純物を高濃度に添加すると,式(8.9)で求めた電子軌道どうしが重なるようになる。軌道が重なりだすと,離散的な不純物準位はバンドを形成し,有限のエネルギー幅を持つようになる。このような状態の外因性半導体を**縮退半導体**という。縮退半導体では不純物バンドが半導体のバンドと重なることで,フェルミ準位がバンド内に入り込み,実効的なバンドギャップが小さくなる。本書では,このような不純物準位が縮退した半導体は取り扱わない。フェルミ準位がバンドギャップ内にある非縮退半導体のみを考える。

$$n_i = \sqrt{N_C N_V} \exp\left(-\frac{E_g}{2kT}\right)$$
$$= \sqrt{(2.89 \times 10^{19})(1.01 \times 10^{19})} \exp\left(-\frac{1.124}{2 \times 0.02586}\right)$$
$$= 6.23 \times 10^9 \text{ cm}^{-3} \tag{8.29}$$

となる。同様に,GaAs の場合は $n_i = 2.0 \times 10^6$ cm^{-3},Ge の場合は $n_i = 2.7 \times 10^{13}$ cm^{-3} となる。

それでは,つぎに真性半導体のフェルミ準位のエネルギー E_i を求めてみよう。式 (8.23) と式 (8.24) の比を取ると,$n_0 = p_0$ なので

$$\frac{N_C}{N_V} = \exp\left(\frac{E_C - E_i}{kT}\right)\exp\left(-\frac{E_i - E_V}{kT}\right)$$
$$= \exp\left(\frac{E_C + E_V - 2E_i}{kT}\right) \tag{8.30}$$

となり,この式より E_i を求めるとつぎのようになる。最後の式の第1項の $(E_C + E_V)/2$ がまさにバンドギャップの中央であることを示している。しかし,ちょうど中央ではない。第2項の量だけずれている。例えば,Si の場合,第2項は 1.05 meV とバンドギャップに比べて非常に小さい。したがって,「真性半導体のフェルミ準位はバンドギャップのほぼ中央である」といっても問題はなさそうである。

$$E_i = \frac{E_C + E_V}{2} + \frac{kT}{2}\ln\frac{N_V}{N_C}$$
$$= \frac{E_C + E_V}{2} + \frac{3}{4}kT\ln\left(\frac{m_h^*}{m_e^*}\right) \tag{8.31}$$

不純物が添加された外因性半導体では,フェルミ準位の位置はバンドギャップの中央からずれて,キャリヤを供給しやすくなっているはずである。この様子を表す式を導こう。

まず,式 (8.23) と式 (8.24) の有効状態密度を真性キャリヤ密度 n_i で表す。

$$n_0 = n_i = N_C \exp\left(-\frac{E_C - E_i}{kT}\right) \text{ より, } N_C = n_i \exp\left(\frac{E_C - E_i}{kT}\right) \tag{8.32}$$

$$p_0 = n_i = N_V \exp\left(-\frac{E_i - E_V}{kT}\right) \text{ より, } N_V = n_i \exp\left(\frac{E_i - E_V}{kT}\right) \tag{8.33}$$

8.6 フェルミ準位

これらの式を，式 (8.23) と式 (8.24) に代入すると

$$n_0 = N_C \exp\left(-\frac{E_C - E_f}{kT}\right)$$

$$= n_i \exp\left(\frac{E_C - E_i}{kT}\right) \exp\left(-\frac{E_C - E_f}{kT}\right)$$

$$= n_i \exp\left(\frac{E_f - E_i}{kT}\right) \tag{8.34}$$

$$p_0 = N_V \exp\left(-\frac{E_f - E_V}{kT}\right)$$

$$= n_i \exp\left(\frac{E_i - E_V}{kT}\right) \exp\left(-\frac{E_f - E_V}{kT}\right)$$

$$= n_i \exp\left(\frac{E_i - E_f}{kT}\right) \tag{8.35}$$

となる．これらの式から式 (8.36)，(8.37) が得られる．

$$E_f - E_i = kT \ln\left(\frac{n_0}{n_i}\right) \tag{8.36}$$

$$E_i - E_f = kT \ln\left(\frac{p_0}{n_i}\right) \tag{8.37}$$

例えば，n 型半導体の場合，電子が伝導バンドに供給される．つまり $n_0 > n_i$ なので，$E_f > E_i$ となり，フェルミ準位はバンドギャップ中央から伝導バンドのほうに向かって近づいていく．逆に正孔密度は式 (8.37) に従ってフェルミ準位のシフトに伴って指数関数的に減少する．

例えば，10^{16} cm^{-3} の濃度でアクセプタをドープした Si の室温 (300 K) における電子密度と正孔密度を求めてみる．また，このときのフェルミ準位も計算しよう．

添加したアクセプタがすべて活性化し，正孔を価電子バンドに放出していると仮定すると，正孔密度はそのまま $p_0 = 1.0 \times 10^{16}$ cm^{-3} である．$n_0 = n_i^2 / p_0$ より，$n_0 \fallingdotseq 3.9 \times 10^4$ cm^{-3} となる．フェルミ準位は式 (8.24) より $E_f - E_V = -kT \ln(p_0 / N_V) \fallingdotseq 0.18$ eV となり，価電子バンド上端から約 0.18 eV 離れたところに位置している．

8.7 キャリヤ密度の温度依存性

これまでの議論では，熱平衡状態においてドナーやアクセプタはすべてイオン化していて，添加した量だけキャリヤを供給していると考えてきた。しかし，8.4節で議論したように，十分低い温度ではキャリヤは不純物との間に働くクーロン力のほうが勝り，不純物は中性化している。一方，逆に非常に高い温度では，不純物準位からの励起を遥かに飛び越えて，価電子バンドから伝導バンドへの直接的な励起が生じる。

本節では，半導体が置かれている温度によって，キャリヤ密度がどのように変化するか調べてみよう。特に，不純物がすべてイオン化するような温度から温度がどんどん高くなり，真性半導体に移行していく様子を詳しく見ていく。

イオン化したドナーとアクセプタを含む半導体における正負の電荷の数の総和は中性でなければならない。不純物が完全にイオン化しているとすると，添加した不純物濃度とイオン化した不純物濃度は等しく，式 (8.38) の電荷中性条件を満たしている。左辺が正電荷，右辺が負電荷である。

$$p_0 + N_D = n_0 + N_A \tag{8.38}$$

ここで，n_0 は電子密度，p_0 は正孔密度，N_D は正にイオン化したドナー密度，N_A は負にイオン化したアクセプタ密度である。$p_0 = n_i^2 / n_0$ より

$$\frac{n_i^2}{n_0} - n_0 + N_D - N_A = 0$$

$$\therefore \quad n_0^2 - n_0(N_D - N_A) - n_i^2 = 0 \tag{8.39}$$

となる。この式は n_0 の2次方程式となっているので，その解は式 (8.40) のようになる。

$$n_0 = \frac{N_D - N_A}{2} + \sqrt{\left(\frac{N_D - N_A}{2}\right)^2 + n_i^2} \tag{8.40}$$

n型半導体の場合，$N_D \gg N_A$ なので，式 (8.40) は

$$n_0 = \frac{N_D}{2} + \sqrt{\left(\frac{N_D}{2}\right)^2 + n_i^2} \tag{8.41}$$

となる．n型のSiについて具体的に計算した結果を**図8.13**に示す．室温（300 K）程度の比較的温度が低い場合は，電子はすべてドナーから出払っていて電子密度はドナー密度と一致して温度依存性はない．温度がさらに高くなり，価電子バンドから伝導バンドに直接電子が励起されるような真性半導体の振舞いが現れると，電子密度は増加し始める．図中の破線で示した曲線は真性半導体における電子密度 n_i の温度依存性である．

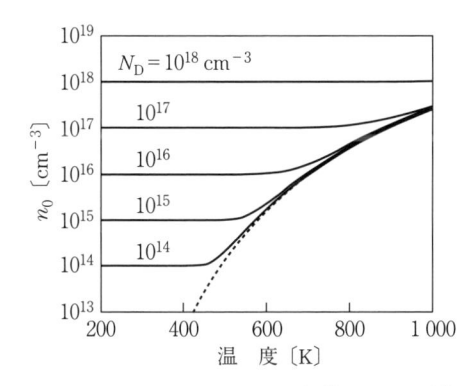

温度が高くなると真性半導体の特性と一致するようになる．

図8.13 n型Siにおける伝導バンドに励起された電子密度の温度依存性

電子密度が温度で変化すると当然フェルミ準位も変化する．式（8.23）より，伝導バンド下端からのフェルミ準位の位置は式（8.42）のように表される．

$$E_f - E_C = kT \ln\left(\frac{n_0}{N_C}\right) \tag{8.42}$$

n型Siについて計算したフェルミ準位の温度変化を**図8.14**に示す．温度が高くなるとフェルミ準位は伝導バンド端近傍から離れ，ほぼバンドギャップ中央にある真性半導体のフェルミ準位 E_i に漸近していく．

さて，最後に非常に温度が低く，熱エネルギーに比べてキャリヤは不純物との間に働くクーロンポテンシャルのほうが勝り，不純物がキャリヤを放出せずには中性化している場合について述べておく．このような低温領域は**不純物領**

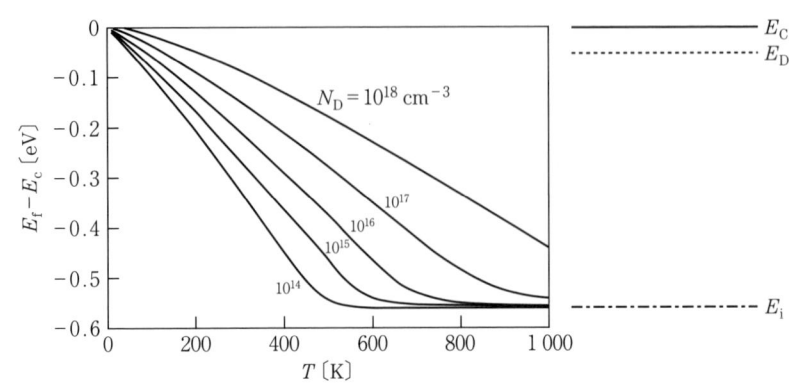

温度が高くなると，フェルミ準位は伝導バンド端から離れ，真性半導体のフェルミ準位 E_i（バンドギャップ中央）に向かっていく。

図 8.14 n 型 Si におけるフェルミ準位の温度依存性

域と呼ばれる。このような温度領域では，不純物がすべてイオン化していると仮定して導いた式（8.41）は成り立たない。この温度領域のキャリヤ密度も詳しく解析できるが，不純物準位に束縛された電子の統計など，これまでの議論に比べてやや深い考察を必要とするので，ここではその詳しい導出については割愛し，定性的な特徴を述べるにとどめる。

Si の場合，このような不純物が完全にイオン化しなくなるのは 200 K 以下である。このような低い温度は通常の太陽電池などのデバイスでは考慮する必要のない温度領域である。温度が下がるに従って，不純物はますますイオン化しなくなり，キャリヤ濃度は添加した不純物濃度よりも小さくなる。一方，フェルミ準位は不純物領域では E_C と E_D の間に入ってくる。n 型半導体の不純物領域における電子密度とフェルミ準位の温度依存性を示す式を式 (8.43), (8.44) に結果のみ示しておく。

$$n = \sqrt{\frac{N_C N_D}{2}} \exp\left(-\frac{E_C - E_D}{2kT}\right) \tag{8.43}$$

$$E_f = \frac{E_C + E_D}{2} + \frac{kT}{2} \ln\left(\frac{N_D}{2N_C}\right) \tag{8.44}$$

8.8 半導体を流れる電流：ドリフト電流と拡散電流

　前節までに半導体に不純物を添加したり，温度を上げることで，電子や正孔のキャリヤ密度が増えることを明らかにした。このキャリヤが空間を移動すると，それが電流となる。キャリヤが移動するには2通りある。電界によって負に帯電した電子，正に帯電した正孔が移動する仕組みと，電子や正孔の空間的な密度の不均一を解消するために発生するキャリヤの拡散による移動である。

　まず，電界によるキャリヤの移動を考えよう。図8.15のように半導体に電池をつなぐ。図では半導体の右側に電池のプラス，左側にマイナス側を接続する。導線と半導体の界面にはポテンシャルのバリヤはなく，スムースにキャリヤが移動できると仮定する。これを**オーミック接合**という。電界は，プラスからマイナスに向かうベクトルであるので，図の右から左に向かう。負電荷を持つ電子は，電界のベクトルと逆方向にプラス側に引き付けられるように右側に移動する。逆に正に帯電した正孔は，電界と同じ方向にマイナス側に引き付けられるように移動する。電流の定義は単位時間に流れる電荷の量であり，その向きは負電荷を持つ電子が流れる向きと逆向きにとる。半導体から出た電子は導線を流れる。図では右回りに流れる。しかし正孔は導線を流れない。正孔は導線から電子が流れ込むことで図の左側で導線から流れ込んだ電子と半導体中の正孔が再結合し，中性化する。半導体の左側に移動してきたすべての正孔に電子が埋まり正孔はそこで消滅する。すなわち，半導体の内部では電子と正孔が電流を運んでおり，導線はそれと同じだけの電流を電子が運ぶことになる。

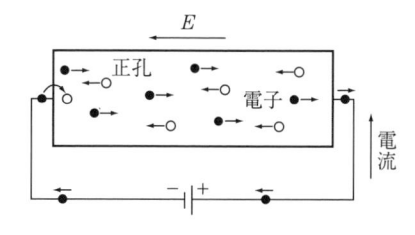

図8.15　半導体中では電子と正孔の流れが電流である。導線を流れる電流は，電子の流れであり，電流の向きは電子の流れと逆向きにとる。

このように電界によってキャリヤが移動して生じる電流を**ドリフト電流**（drift current）という。

単位時間当り単位面積を通過する電荷 e，すなわちドリフト電流密度 $J_{(\text{drift})}$ は式（8.45）で与えられる。

$$J_{(\text{drift})} = -env_{\text{de}} + epv_{\text{dh}} \tag{8.45}$$

ここで，この電流が流れている定常状態での電子と正孔の密度は n と p で表した．また，v_{de} と v_{dh} はそれぞれ電子と正孔のドリフト速度で，電界を E とすると，電界によるキャリヤの移動のしやすさの指標である移動度（mobility）の係数を掛けて $-\mu_{\text{e}}E$ と $\mu_{\text{h}}E$ で表される．これらを式（4.45）に代入すると

$$\begin{aligned} J_{(\text{drift})} &= (en\mu_{\text{e}} + ep\mu_{\text{h}})E \\ &= \sigma E \end{aligned} \tag{8.46}$$

となり，導電率（conductivity）σ が定義できる．キャリヤの移動度，すなわちキャリヤの移動のしやすさは，伝導するキャリヤがイオン化した不純物や結晶温度に応じた格子振動の量子であるフォノンと衝突し，それによって散乱することで低下する．移動度は，平均衝突時間に比例し，有効質量に反比例する．Si, Ge, GaAs のいずれの場合も電子の移動度のほうが大きい．また，不純物密度を高くしていくと，不純物イオンとの平均衝突時間が小さくなり，移動度は単調に減少する．n 型半導体中の電子を**多数キャリヤ**（majority carrier），正孔を**少数キャリヤ**（minority carrier）という．逆に，p 型半導体では正孔が多数キャリヤで，電子が少数キャリヤである．同じ不純物濃度で比較すれば，少数キャリヤの移動度のほうが多数キャリヤの移動度より大きい．不純物イオンとフォノンによる散乱の寄与は温度に依存する．温度を上げていくと，キャリヤの熱運動が増し，平均速度が上がる．これによって不純物イオン散乱は減少するが，さらに温度が高くなるとフォノンが増加し，フォノン散乱による移動度の低下が著しくなる．

つぎに，もう一つのキャリヤを移動させる機構である，拡散を考える．拡散は，キャリヤ密度の高いところから低いところに向かってキャリヤが移動する

ことをいい，これによって生じる電流を**拡散電流**（diffusion current）という．拡散電流はキャリヤの熱エネルギーと空間的な密度の分布だけで生じる電流であり，電界によって導かれてキャリヤが流れるドリフト電流とは明確に異なることに注意してほしい．半導体中に生成したキャリヤの密度勾配による電流は，太陽電池のように光が半導体表面に入射して表面近傍でキャリヤ密度が局所的に高まるような場合や，pn接合ダイオードで順方向バイアスを加えたときの，キャリヤの移動を考えるうえで重要な機構である．

図8.16のような半導体の棒の左から光を照射したときの少数キャリヤの拡散を考えよう．

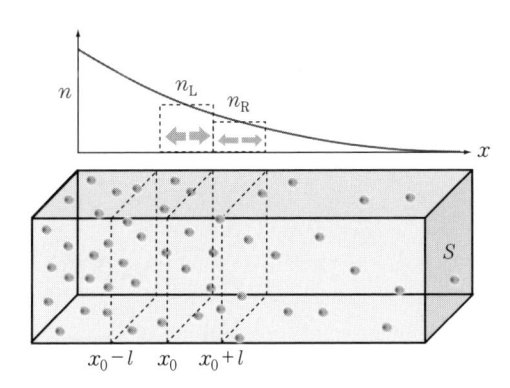

図8.16 光を照射したときの半導体中の少数キャリヤの拡散

ここでは，p型半導体に光で生成された少数キャリヤの電子の拡散を計算する．xが大きくなるに従って，電子密度は小さくなる様子を示している．x_0にある面積Sの断面を通過する単位面積当り，単位時間に通過する電荷を求める．すなわち電子の拡散電流密度$J_{e(\text{diff})}$を求めてみる．この半導体内での電子の平均自由行程をl，平均衝突時間をtとすると，式（8.47）のようになる．

$$J_{e(\text{diff})} = -e\frac{\dfrac{n_L}{2}Sl - \dfrac{n_R}{2}Sl}{St}$$

$$= -e\frac{(n_L - n_R)l}{2t}$$

$$\fallingdotseq e\frac{l}{2t} \cdot \frac{dn}{dx} l$$

$$= e\frac{l^2}{2t} \cdot \frac{dn}{dx}$$

$$= eD_\mathrm{e} \frac{dn}{dx} \tag{8.47}$$

ここで，n_L，n_R は x_0 の左右の平均自由行程内の領域における平均電子密度であり，図でいうと，左側の高密度側から右側の低密度側にキャリヤが流れる。微小領域ではキャリヤは均一に拡散すると考えると，左右の領域では，それぞれ半分ずつ左右に拡散する。式の中で，$n_\mathrm{L}/2$，$n_\mathrm{R}/2$ となっているのはこのためである。また，電子の**拡散係数**（diffusion constant）を $D_\mathrm{e} = l^2/2t$ と定義した。

正孔の拡散電流についてもまったく同様に導くことができる。

$$J_\mathrm{h(diff)} = -eD_\mathrm{h}\frac{dp}{dx} \tag{8.48}$$

拡散係数と移動度の間には，式 (8.49)，(8.50) の**アインシュタイン**（Einstein）**の関係式**が成り立つ。

$$\frac{D_\mathrm{e}}{\mu_\mathrm{e}} = \frac{kT}{e} \tag{8.49}$$

$$\frac{D_\mathrm{h}}{\mu_\mathrm{h}} = \frac{kT}{e} \tag{8.50}$$

全電子電流 J_e と全正孔電流 J_h はそれぞれのドリフト電流と拡散電流の和であるので，式 (8.51)，(8.52) のように表される。

（全電子電流）

$$J_\mathrm{e} = J_\mathrm{e(drift)} + J_\mathrm{e(diff)} = en\mu_\mathrm{e}E + eD_\mathrm{e}\frac{dn}{dx} \tag{8.51}$$

（全正孔電流）

$$J_\mathrm{h} = J_\mathrm{h(drift)} + J_\mathrm{h(diff)} = ep\mu_\mathrm{h}E - eD_\mathrm{h}\frac{dp}{dx} \tag{8.52}$$

したがって，半導体を流れる全電流 J は，これらをすべて足し合わせて式 (8.53) で与えられる。

$$J = (J_\mathrm{e(drift)} + J_\mathrm{e(diff)}) + (J_\mathrm{h(drift)} + J_\mathrm{h(diff)})$$

$$= \left(en\mu_e E + eD_e \frac{dn}{dx}\right) + \left(ep\mu_h E - eD_h \frac{dp}{dx}\right) \tag{8.53}$$

ところで，半導体にキャリヤが注入されると，内部にキャリヤが蓄積されることもあるし，再結合などによって消滅することもあるので，必ずしも流入するキャリヤ数と流出するキャリヤ数は同じではない。キャリヤ密度分布の時間的な発展を考えるためには，キャリヤの生成と再結合を考慮した**連続の方程式**（continuity equation）を用いる必要がある。

電子の生成頻度（単位時間当りの生成数）G_e，再結合頻度（単位時間当りの消滅数）R_e，正孔の生成頻度 G_h，再結合頻度 R_h を使うと，電子と正孔の連続方程式は式 (8.54), (8.55) のように表される。

$$\frac{\partial n}{\partial t} = \frac{1}{e} \cdot \frac{\partial J_e}{\partial x} + (G_e - R_e) \tag{8.54}$$

$$\frac{\partial p}{\partial t} = \frac{1}{e} \cdot \frac{\partial J_h}{\partial x} + (G_h - R_h) \tag{8.55}$$

それでは，少数キャリヤが電子である場合について，連続の方程式を詳しく考えてみよう。電子密度 n を熱平衡状態の密度 n_0 と過剰キャリヤ密度 Δn に分けて

$$n = n_0 + \Delta n \tag{8.56}$$

と表す。式 (8.54) にこの式 (8.56) を代入すると

$$\frac{\partial n}{\partial t} = \frac{\partial n_0}{\partial t} + \frac{\partial \Delta n}{\partial t}$$

$$= \frac{\partial \Delta n}{\partial t} \tag{8.57}$$

となる。ここで，平衡状態の密度である n_0 は時間に依存しないので，$\partial n_0/\partial t = 0$ である。式 (8.57) を式 (8.54) と比較するが，その前に電子の生成と再結合の過程をもう少し詳しく表しておく必要がある。電子の生成過程には熱による生成 G_{th} と光による生成 G_{opt} を考える。また，再結合による少数キャリヤ寿命を τ_e とする。これらの式を用いると

$$G_e = G_{th} + G_{opt} \tag{8.58}$$

$$R_e = \frac{n}{\tau_e}$$

$$= \frac{n_0}{\tau_e} + \frac{\Delta n}{\tau_e} \tag{8.59}$$

と表される。これらを式 (8.54) の右辺に代入し，左辺には式 (8.57) の結果を代入すると，式 (8.60) のようになる。

$$\frac{\partial n}{\partial t} = \frac{\partial \Delta n}{\partial t}$$

$$= \frac{1}{e} \cdot \frac{\partial J_e}{\partial x} + \left(G_{th} + G_{opt} - \frac{n_0}{\tau_e} - \frac{\Delta n}{\tau_e} \right) \tag{8.60}$$

光照射のない熱平衡では，$\Delta n = 0$，$J_e = 0$，$G_{opt} = 0$ なので，上式の括弧の中はゼロでなければならず，$G_{th} = n_0/\tau_e$ の関係が成立している。これを式 (8.60) に代入すると，電子の連続の方程式として式 (8.61) を得る。

$$\frac{\partial n}{\partial t} = \frac{\partial \Delta n}{\partial t}$$

$$= \frac{1}{e} \cdot \frac{\partial J_e}{\partial x} + \left(G_{opt} - \frac{\Delta n}{\tau_e} \right) \tag{8.61}$$

正孔の連続方程式についても少数キャリヤが正孔である場合を考えると，同様に式 (8.62) が導ける。

$$\frac{\partial p}{\partial t} = \frac{\partial \Delta p}{\partial t}$$

$$= \frac{1}{e} \cdot \frac{\partial J_h}{\partial x} + \left(G_{opt} - \frac{\Delta p}{\tau_h} \right) \tag{8.62}$$

それでは以上に導いてきた式を用いて，実際に半導体中の少数キャリヤの拡散距離を求めてみよう。

図 8.16 のような半導体の棒を考える。ここでは p 型半導体とし，定常状態における少数キャリヤである電子の拡散を計算する。半導体棒の左側に光を照射し，電子を生成する。ここでは簡単のために光はすべて表面で吸収されて，電子は表面でのみ生成されるとする。定常状態では $\partial n/\partial t = 0$ である。光はすべて表面で吸収されるので，半導体内部での生成はない。すなわち $G_{opt} = 0$ で

ある。また，電界は加えていないのでドリフト電流はゼロで $J_{e(drift)}=0$ である。拡散電流 $J_{e(diff)}$ だけを考える。式（8.61）より

$$\frac{dJ_{e(diff)}}{dx} = e\frac{\Delta n}{\tau_e} \tag{8.63}$$

となる。拡散電流 $J_{e(diff)}$ は式（8.47）より

$$J_{e(diff)} = eD_e\frac{dn}{dx} = eD_e\left(\frac{dn_0}{dx} + \frac{d\Delta n}{dx}\right)$$

$$= eD_e\frac{d\Delta n}{dx} \tag{8.64}$$

となるので，この式（8.64）を式（8.63）に代入すると

$$eD_e\frac{d^2\Delta n}{dx^2} = e\frac{\Delta n}{\tau_e} \tag{8.65}$$

となり

$$\frac{d^2\Delta n}{dx^2} = \frac{\Delta n}{D_e\tau_e} \tag{8.66}$$

を得る。この方程式は過剰電子密度 Δn の分布を表す方程式であり，$x=0$ において $\Delta n = \Delta n(0)$，$x=\infty$ において $\Delta n = 0$ の境界条件で式（8.66）を解くと，式（8.67）のような解を得ることができる。

$$\Delta n(x) = \Delta n(0) \exp\left(-\frac{x}{\sqrt{D_e\tau_e}}\right) \tag{8.67}$$

ここで，$\sqrt{D_e\tau_e}$ を**電子の拡散距離**（diffusion length）といい，L_e で表す。過剰電子密度は光が照射している表面から深さ方向に向かって（x が大きくなるに従って）指数関数的に減少していくことがわかる。キャリヤの拡散距離は不純物密度に依存し，不純物密度が高くなるに従って単調に減少する。例えば，高品質な 10^{17} cm^{-3} p 型 Si 結晶の少数キャリヤである電子の拡散距離は 100 μm 程度である。

8.9 擬フェルミ準位

これまでの節で見てきたように，光励起などで過剰のキャリヤが生成される

と，熱平衡状態で議論してきたフェルミ準位は定義できなくなり，このような非平衡下での電子と正孔に対しては別々のフェルミ準位を考えなければならない。これを**擬フェルミ準位**（quasi Fermi level）という。

擬フェルミ準位を考えるに当たって，特別に新しい考えを導入する必要はない。熱平衡状態では半導体の中で電子に対しても正孔に対しても同じ基準であったフェルミ準位を別々に定義する。

（熱平衡キャリヤ密度）すでに式 (8.34), (8.35) で示した式を再掲した。

$$n_0 = N_C \exp\left(-\frac{E_C - E_f}{kT}\right)$$

$$= n_i \exp\left(\frac{E_f - E_i}{kT}\right) \tag{8.34}$$

$$p_0 = N_V \exp\left(-\frac{E_f - E_V}{kT}\right)$$

$$= n_i \exp\left(\frac{E_i - E_f}{kT}\right) \tag{8.35}$$

電子と正孔の擬フェルミ準位をそれぞれ E_{fe}, E_{fh} とおくと，非平衡下での電子密度 n と正孔密度 p は式 (8.68), (8.69) のようになる。

（非平衡キャリヤ密度）

$$n = N_C \exp\left(-\frac{E_C - E_{fe}}{kT}\right)$$

$$= n_i \exp\left(\frac{E_{fe} - E_i}{kT}\right) \tag{8.68}$$

$$p = N_V \exp\left(-\frac{E_{fh} - E_V}{kT}\right)$$

$$= n_i \exp\left(\frac{E_i - E_{fh}}{kT}\right) \tag{8.69}$$

キャリヤ密度 n, p はもちろん熱平衡状態の密度 n_0, p_0 と過剰キャリヤ密度 Δn, Δp の両方を含んでいる。ここで表した非平衡化での電子密度 n と正孔密度 p は，まさに4章で述べた式 (4.11), (4.12) そのものである。ただし，T は太陽電池の温度 T_c であった。擬フェルミ準位はこれらの式 (8.68), (8.69)

から簡単に表すことができ，式 (8.70)，(8.71) のようになる．

$$E_{fe} = E_i + kT \ln \frac{n}{n_i} \tag{8.70}$$

$$E_{fh} = E_i - kT \ln \frac{p}{n_i} \tag{8.71}$$

この式からもわかるように，擬フェルミ準位は生成されるキャリヤ密度の増加に伴ってシフトする．電子の擬フェルミ準位は電子密度の増加に伴って伝導バンドに近づいていき，正孔の擬フェルミ準位は正孔密度の増加に伴って逆に価電子バンドに近づいていく．このように，電子と正孔の擬フェルミ準位はたがいに反対方向にシフトし，電子，正孔の生成密度の増加に伴ってエネルギー差が大きくなっていく．

擬フェルミ準位のシフトの様子を理解するために，光励起で生成される電子と正孔によってどのように擬フェルミ準位が変化するかを見てみる．ここで図 8.16 のような半導体の棒を再び考える．半導体は同じく p 型半導体とし，半導体棒の左側に光を照射し，電子，正孔を生成する．先ほどと同様に，光はすべて表面で吸収されて，電子，正孔は表面でのみ生成されるとする．この様子を図 8.17 に示す．少数キャリヤである電子の密度は式 (8.67) に従って，深さ方向に指数関数的に減少していく．半導体表面で光生成される過剰電子密度 Δn と過剰正孔密度 Δp は等しい．拡散係数は少数キャリヤである電子と多

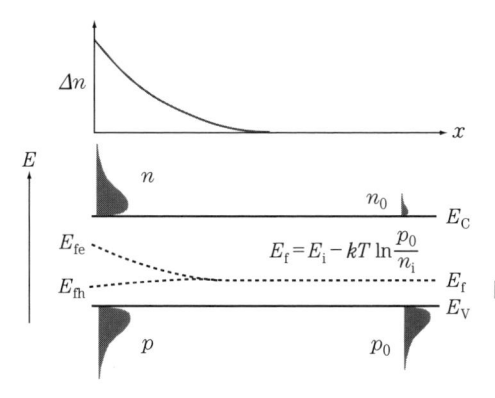

図 8.17 光励起した p 型半導体における電子と正孔の擬フェルミ準位のシフト

数キャリヤである正孔に対して異なるので，Δp の深さ方向依存性は図に示した Δn とは異なることになる．半導体の奥深いところにはキャリヤは拡散してきておらず，熱平衡状態の電子 n_0 と正孔 p_0 の密度で分布している．このときのフェルミ準位は電子と正孔に対して等しく定義される．表面に近づくにつれて，過剰電子密度と過剰正孔密度が増すため，擬フェルミ準位は式 (8.70)，(8.71) に従ってシフトし，分離していく．いま考えている半導体は p 型であるので，$p_0 \gg n_0$ である．このため全キャリヤに対する過剰キャリヤの占める割合が電子に比べ，正孔は小さくなり，その分だけ擬フェルミ準位のシフトも小さくなる．

8.10 pn 接 合

いよいよ pn 接合の話ができる準備が整った．pn 接合は半導体の最も基本的な機能発現の源になる構造であり，半導体エレクトロニクスを支えているといっても過言ではない．本節では p 型半導体と n 型半導体を接合させたときに何が起こるかを詳しく解説したい．

熱平衡状態にある p 型半導体，n 型半導体のフェルミ準位は式 (8.36) と式 (8.37) に表したように，それぞれ異なる．有限温度ではフェルミ準位はちょうど占有確率が 1/2 になるところに相当することはすでに述べた．となると，熱平衡状態で電流が流れない定常状態では，異なるフェルミ準位を持った p 型半導体と n 型半導体を接合させても，フェルミ準位は同じエネルギーでなければならない．この様子を**図 8.18** に示す．図は非常に多くの重要な情報を含んでいる．順に説明していこう．

もともと接合前には異なるエネルギー位置にあった p 型半導体，n 型半導体のフェルミ準位がそろうので，接合部でバンドがシフトしなければならない．このときできるポテンシャルの段差 V_b を**拡散電位** (diffusion potential) という．これは接合部分でキャリヤの拡散が起こることでできる電位差であるからである．エネルギーは電位に電子の電荷 e を掛けたものである．接合界面で電

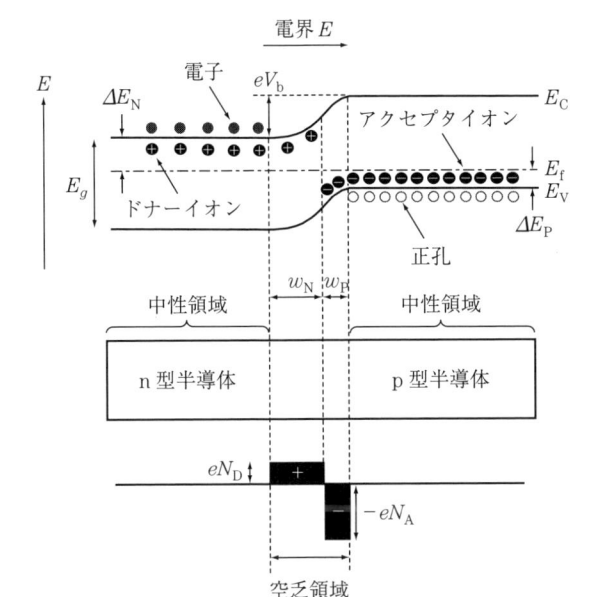

図 8.18 熱平衡状態にある半導体 pn 接合

位差ができるということは，図のようにプラス側である n 型半導体側からマイナス側である p 型半導体に向かって電界ベクトルが伸びている．ところで，これまでバンドの図を描くときに図中の上方に向かってエネルギーが大きくなるように描いている．これは図 8.2 を端緒にしており，電子に対するポテンシャルを描こうとしてきたからである．したがって，正孔について同じ図で説明するときは，まったく逆になる．電子のエネルギーが大きくなればなるほど，正孔のエネルギーは小さくなる．このような理由から，正孔は価電子バンドの上端の許容された最もエネルギーの低いところにへばりつくように分布しているのである．

接合部のポテンシャルが傾いている以外の部分では，空間的にイオン化した不純物と励起供給されたキャリヤの総和は等しく，電気的には中性であるので，**中性領域**と呼ばれる．一方，接合部では再結合により自由キャリヤがなく，残された不純物イオンが空間電荷として存在している．これらの正電荷と負電荷はバランスしている．n 型半導体の不純物密度を N_D，接合幅を w_N，p

型半導体の不純物密度を N_A,接合幅を w_P とすると,式 (8.72) のような電荷中性の条件を満たしている。

$$eN_D w_N - eN_A w_P = 0 \tag{8.72}$$

したがって,不純物密度が高いほうの接合幅が狭くなる。図8.18の場合,p型半導体の不純物密度のほうを高く描いている。太陽電池では,このような空乏領域の広がりが光励起されたキャリヤの収集量に直接関係するため,特性に非常に影響することは7章で述べた。

熱平衡状態で図8.18のようにキャリヤが移動せずに定常状態でいられるということは,n型半導体中の電子とp型半導体中の正孔がそれぞれ接合部にできたポテンシャルのバリヤを乗り越えて反対側の領域に移動できないということである。全電流はドリフト電流と拡散電流の和であるが,キャリヤ密度の勾配で生じる拡散電流を接合界面の内部電界で生じるドリフト電流が完全に打ち消しているのである。そうであれば,接合部のポテンシャルバリヤを下げてやれば,キャリヤは移動し始め電流が流れる。これはn型半導体にマイナス,p型半導体にプラスの電圧を加えれば実現でき,**順方向バイアス**（forward bias）という。逆に,n型半導体にプラス,p型半導体にマイナスの電圧を加える場合を**逆方向バイアス**（reverse bias）といい,このときポテンシャルバリヤはいっそう高くなり,キャリヤは高いポテンシャルの壁にさえぎられて移動はまったく起こらなくなる。つまり電流は流れない。

光を入射して余剰キャリヤを生成すれば,それらが接合部を横断して反対の領域に移動し,電流を生み出すだけでなく,電荷の移動によって電位も変化する。すなわち発電する。これがこれまで詳しく学習してきた太陽電池の動作原理である。

以上,pn接合の概略を述べた。ここからもう少し具体的に接合の様子をみていこう。まず,接合部のポテンシャルバリヤの大きさ eV_b を求める。

p型半導体におけるフェルミ準位 E_f と価電子バンドの上端エネルギー E_V のエネルギー差を ΔE_P,n型半導体におけるフェルミ準位 E_f と伝導バンドの下端エネルギー E_C のエネルギー差を ΔE_N とすると,eV_b はバンドギャップ E_g

からこれらの和を引いたものと等しい。つまり式 (8.73) で与えられる。

$$eV_b = E_g - (\Delta E_N + \Delta E_P) \tag{8.73}$$

熱平衡状態の電子密度の式 (8.23) と正孔密度の式 (8.24) より，不純物からキャリヤがすべて出払った領域では

$$\Delta E_N = E_C - E_f = kT \ln\left(\frac{N_C}{n_{N0}}\right)$$

$$= kT \ln\left(\frac{N_C}{N_D}\right) \tag{8.74}$$

$$\Delta E_P = E_f - E_V = kT \ln\left(\frac{N_V}{p_{P0}}\right)$$

$$= kT \ln\left(\frac{N_V}{N_A}\right) \tag{8.75}$$

となる。ここで，これまで熱平衡状態におけるキャリヤ密度を表すため添え字に"0"をつけてきたが，n型領域とp型領域におけるキャリヤ密度を区別して表すために，さらに添え字に"N"か"P"を付けている。例えば，n_{N0} というのはn型半導体中の電子の熱平衡状態の密度，また，後出の n_{P0} というのはp型半導体中の電子の熱平衡状態の密度を表す。これらの式 (8.74)，(8.75) を式 (8.73) に代入すると，eV_b は式 (8.76) で表される。

$$eV_b = E_g - (\Delta E_N + \Delta E_P)$$

$$= E_g - kT\left(\ln\frac{N_C}{N_D} + \ln\frac{N_V}{N_A}\right)$$

$$= E_g - kT \ln\frac{N_C N_V}{N_D N_A} \tag{8.76}$$

この式から，N_D と N_A がそれぞれ N_C と N_V に近づくと，ポテンシャルバリアはバンドギャップに近づくことがわかる。ここで

$$n_i^2 = N_C N_V \exp\left(-\frac{E_g}{kT}\right) \tag{8.77}$$

より

$$E_g = kT \ln\frac{N_C N_V}{n_i^2} \tag{8.78}$$

となるので，これを式 (8.76) に代入すると式 (8.79) を最終的に導くことが

できる．

$$eV_b = kT \ln \frac{N_D N_A}{n_i^2} \tag{8.79}$$

つぎに，接合界面での電位勾配，電界の変化，空乏領域幅について具体的に導く．

図 8.18 では pn 接合のポテンシャル勾配を意味ありげな曲線で描いた．この曲線は電位 $V(x)$ と電荷密度 Q_V の関係を表すポアソン方程式（Poisson's equation）を解くことで得られる．ポアソン方程式は式 (8.80) のように与えられる．

$$\frac{d^2V(x)}{dx^2} = -\frac{Q_V}{\varepsilon} \tag{8.80}$$

ここで，物質の誘電率 ε は真空の誘電率 ε_0 と比誘電率 ε_r を掛けたもので，$\varepsilon = \varepsilon_r \varepsilon_0$ である．電位 $V(x)$ はこの式を $V(x_N) = 0$，$V(x_P) = -V_b$ の条件で解くと，n 型半導体側，p 型半導体側でそれぞれ式 (8.81)，(8.82) のようになる．

$$V(x) - V(x_N) = -\frac{eN_D}{2\varepsilon}(x - x_N)^2 \qquad x_N \leq x \leq x_j \tag{8.81}$$

$$V(x_P) - V(x) = -\frac{eN_A}{2\varepsilon}(x_P - x)^2 \qquad x_j \leq x \leq x_P \tag{8.82}$$

このように接合部分の電位勾配の 2 次関数で表すことができる．**図 8.19** にこの電位勾配の様子を p 型側と n 型側で区別して示す．

電子のポテンシャルは $-eV(x)$ なので，図の最上部のバンドの勾配は電位と逆になる．式 (8.81) と (8.82) から，電荷中性の条件 $N_D w_N = N_A w_P$ を使うことによって，n 型半導体側，p 型半導体側のそれぞれ領域での電位変化 V_{bN}，V_{bP} には式 (8.83)，(8.84) の関係が成り立つことがわかる．

$$V_b = V_{bN} + V_{bP} \tag{8.83}$$

$$\frac{V_{bN}}{V_{bP}} = \frac{N_A}{N_D} \tag{8.84}$$

また

$$V_{bN} = V(x_N) - V(x_j) = \frac{eN_D}{2\varepsilon}(x_j - x_N)^2$$

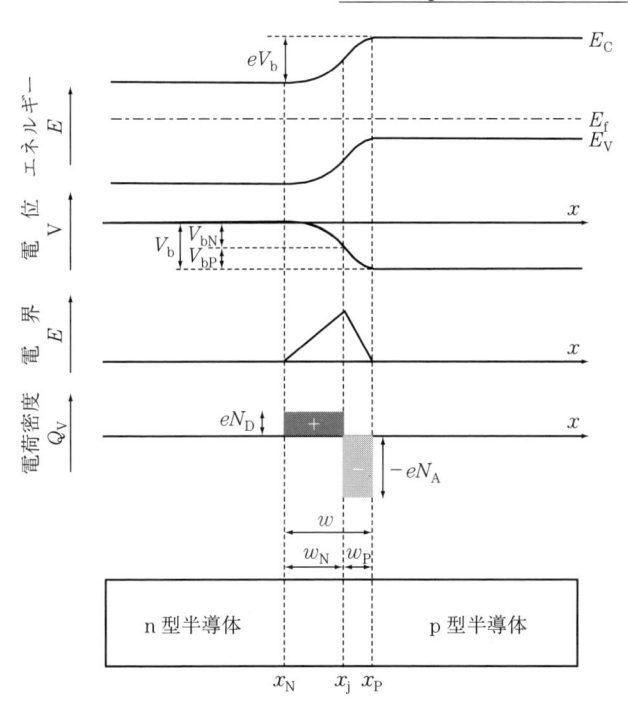

図 8.19 pn 接合の電位勾配と電界の変化

$$= \frac{eN_\mathrm{D}}{2\varepsilon} w_\mathrm{N}{}^2 \tag{8.85}$$

$$V_\mathrm{bP} = V(x_j) - V(x_\mathrm{P}) = \frac{eN_\mathrm{A}}{2\varepsilon}(x_\mathrm{P} - x_j)^2$$

$$= \frac{eN_\mathrm{A}}{2\varepsilon} w_\mathrm{P}{}^2 \tag{8.86}$$

なので,n 型半導体側,p 型半導体側のそれぞれの空乏領域幅 w_N,w_P はそれぞれ式 (8.87),(8.88) のようになる。

$$w_\mathrm{N} = x_j - x_\mathrm{N} = \sqrt{\frac{2\varepsilon V_\mathrm{bN}}{eN_\mathrm{D}}}$$

$$= \sqrt{\frac{2\varepsilon V_\mathrm{b}}{eN_\mathrm{D}\left(1 + \dfrac{N_\mathrm{D}}{N_\mathrm{A}}\right)}} \tag{8.87}$$

$$w_\mathrm{P} = x_\mathrm{P} - x_j = \sqrt{\frac{2\varepsilon V_{\mathrm{bP}}}{eN_\mathrm{A}}}$$

$$= \sqrt{\frac{2\varepsilon V_\mathrm{b}}{eN_\mathrm{A}\left(1+\dfrac{N_\mathrm{A}}{N_\mathrm{D}}\right)}} \tag{8.88}$$

一方,電界は $E = -\nabla V$ より

$$\frac{dE(x)}{dx} = \frac{Q_\mathrm{V}}{\varepsilon} \tag{8.89}$$

と表されるので,式 (8.89) を $E(x_\mathrm{N})=0$, $E(x_\mathrm{P})=0$ の条件で解くと,n 型半導体側,p 型半導体側でそれぞれ式 (8.90),(8.91) のようになる.

$$E(x) = \frac{eN_\mathrm{D}}{\varepsilon}(x-x_\mathrm{N}) \qquad x_\mathrm{N} \leqq x \leqq x_j \tag{8.90}$$

$$E(x) = \frac{-eN_\mathrm{A}}{\varepsilon}(x-x_\mathrm{P}) \qquad x_j \leqq x \leqq x_\mathrm{P} \tag{8.91}$$

電界は線形に変化し,p 型側と n 型側で傾きが逆である.また,電界は接合界面の $x = x_j$ で最大になる.この様子も図 8.19 に示した.

8.11 pn 接合の電流 - 電圧特性

半導体を流れる電流はドリフト電流と拡散電流からなることはすでに述べた.熱平衡状態にある pn 接合ではこれらは完全に打ち消し合っている.順方向にバイアスを加えると,接合界面のポテンシャルバリヤは下がり,n 型側から p 型側に電子が流れ込み,逆に p 型側から n 型側に正孔が流れ込む.このように pn 接合のおもなキャリヤの移動は拡散であるので,少数キャリヤのドリフト電流は考えない.

式 (8.66) より,n 型半導体から p 型半導体に流れ込む過剰電子の拡散は式 (8.92) で表される.

$$\frac{d^2\Delta n}{dx^2} = \frac{\Delta n}{L_\mathrm{e}^2} \tag{8.92}$$

ここで,L_e は電子の拡散距離である.電流の流れる方向を x の正の方向と

し，$x = -\infty$ において $\Delta n = 0$，$x = x_\mathrm{P}$ において $\Delta n = \Delta n(x_\mathrm{P})$ の境界条件で上式を解くと，p 型半導体領域における電子密度 $\Delta n_\mathrm{P}(x)$ は式 (8.93) となる．

$$\Delta n_\mathrm{P}(x) = \Delta n_\mathrm{P}(x_\mathrm{P}) \exp\left(-\frac{x_\mathrm{P}-x}{L_\mathrm{e}}\right) \tag{8.93}$$

したがって，電子の拡散電流は式 (8.94) となる．

$$J_{\mathrm{e(diff)}} = eD_\mathrm{e}\frac{d\Delta n_\mathrm{P}}{dx} = \frac{eD_\mathrm{e}}{L_\mathrm{e}} \Delta n_\mathrm{P}(x_\mathrm{P}) \exp\left(-\frac{x_\mathrm{P}-x}{L_\mathrm{e}}\right) \tag{8.94}$$

同様な式を，p 型半導体から n 型半導体に流れ込む正孔の拡散電流に対しても導くことができる．

$$J_{\mathrm{h(diff)}} = -eD_\mathrm{h}\frac{d\Delta p_\mathrm{N}}{dx} = \frac{eD_\mathrm{h}}{L_\mathrm{h}} \Delta p_\mathrm{N}(x_\mathrm{N}) \exp\left(-\frac{x-x_\mathrm{N}}{L_\mathrm{h}}\right) \tag{8.95}$$

したがって，これらの式で $\Delta n_\mathrm{P}(x_\mathrm{P})$，$\Delta p_\mathrm{N}(x_\mathrm{N})$ が明らかになれば，電子の拡散電流式 (8.94) と正孔の拡散電流式 (8.95) の和で全拡散電流が求まる．式 (8.34)，(8.35) より，p 型半導体中の電子の熱平衡状態の密度 n_P0，n 型半導体中の正孔の熱平衡状態の密度 p_N0 は式 (8.96)，(8.97) で定義できる．

$$\begin{aligned}n_\mathrm{P0} &= N_\mathrm{C}\exp\left(-\frac{E_\mathrm{CP}-E_\mathrm{f}}{kT}\right) \\ &= N_\mathrm{C}\exp\left(-\frac{E_\mathrm{CN}-E_\mathrm{f}}{kT}\right)\exp\left(-\frac{E_\mathrm{CP}-E_\mathrm{CN}}{kT}\right)\end{aligned} \tag{8.96}$$

$$\begin{aligned}p_\mathrm{N0} &= N_\mathrm{V}\exp\left(-\frac{E_\mathrm{f}-E_\mathrm{VN}}{kT}\right) \\ &= N_\mathrm{V}\exp\left(-\frac{E_\mathrm{f}-E_\mathrm{VP}}{kT}\right)\exp\left(-\frac{E_\mathrm{VP}-E_\mathrm{VN}}{kT}\right)\end{aligned} \tag{8.97}$$

ここで，E_C の添え字の N，P もこれまでと同じく，n 型半導体領域，p 型半導体領域における変数であることを示している．また，キャリヤがすべて出払っている温度領域で考えると

$$N_\mathrm{C}\exp\left(-\frac{E_\mathrm{CN}-E_\mathrm{f}}{kT}\right) = n_\mathrm{N0} = N_\mathrm{D} \tag{8.98}$$

$$N_\mathrm{V}\exp\left(-\frac{E_\mathrm{f}-E_\mathrm{VP}}{kT}\right) = p_\mathrm{P0} = N_\mathrm{A} \tag{8.99}$$

となる．また，$E_\mathrm{CP} - E_\mathrm{CN} = eV_\mathrm{b}$，$E_\mathrm{VP} - E_\mathrm{VN} = eV_\mathrm{b}$ であるので，式 (8.96)，

(8.97) は式 (8.100), (8.101) のようになる。

$$n_\mathrm{P}(x_\mathrm{P}) = n_\mathrm{P0} = N_\mathrm{D} \exp\left(-\frac{eV_\mathrm{b}}{kT}\right) \tag{8.100}$$

$$p_\mathrm{N}(x_\mathrm{N}) = p_\mathrm{N0} = N_\mathrm{A} \exp\left(-\frac{eV_\mathrm{b}}{kT}\right) \tag{8.101}$$

このように導いた p 型半導体中の電子密度と n 型半導体中の正孔密度はバイアス(外部電圧)を加えていない状態での無バイアスで成立する関係式である。順方向バイアス電圧 V_a を加えたときのキャリヤ密度は式 (8.100), (8.101) の V_b を $V_\mathrm{b} - V_\mathrm{a}$ とするだけでよい。

$$\begin{aligned} n_\mathrm{P}(x_\mathrm{P}) &= N_\mathrm{D} \exp\left\{-\frac{e(V_\mathrm{b}-V_\mathrm{a})}{kT}\right\} \\ &= n_\mathrm{P0} \exp\left(\frac{eV_\mathrm{a}}{kT}\right) \end{aligned} \tag{8.102}$$

$$\begin{aligned} p_\mathrm{N}(x_\mathrm{N}) &= N_\mathrm{A} \exp\left\{-\frac{e(V_\mathrm{b}-V_\mathrm{a})}{kT}\right\} \\ &= p_\mathrm{N0} \exp\left(\frac{eV_\mathrm{a}}{kT}\right) \end{aligned} \tag{8.103}$$

ここの最後の式変換では,無バイアス下でのキャリヤ密度を表す式 (8.100), (8.101) を用いた。

順方向バイアスによって p 型半導体中に流し込まれる過剰電子密度 $\Delta n_\mathrm{P}(x_\mathrm{P})$ と n 型半導体中に流し込まれる正孔密度 $\Delta p_\mathrm{N}(x_\mathrm{N})$ は,式 (8.102), (8.103) を使って,式 (8.104), (8.105) のように表される。

$$\begin{aligned} \Delta n_\mathrm{P}(x_\mathrm{P}) &= n_\mathrm{P}(x_\mathrm{P}) - n_\mathrm{P0} \\ &= n_\mathrm{P0} \left\{\exp\left(\frac{eV_\mathrm{a}}{kT}\right) - 1\right\} \end{aligned} \tag{8.104}$$

$$\begin{aligned} \Delta p_\mathrm{N}(x_\mathrm{N}) &= p_\mathrm{N}(x_\mathrm{N}) - p_\mathrm{N0} \\ &= p_\mathrm{N0} \left\{\exp\left(\frac{eV_\mathrm{a}}{kT}\right) - 1\right\} \end{aligned} \tag{8.105}$$

このようにして求めた空乏領域端 $x = x_\mathrm{P}$, x_N でのキャリヤ密度は拡散によって x に依存して変化する。この密度の変化は式 (8.93) の要領で式 (8.106),

(8.107) のように拡散距離に依存する。

$$\Delta n_{\mathrm{P}}(x) = \Delta n_{\mathrm{P}}(x_{\mathrm{P}}) \exp\left(-\frac{x_{\mathrm{P}} - x}{L_{\mathrm{e}}}\right) \quad (8.106)$$

$$\Delta p_{\mathrm{N}}(x) = \Delta p_{\mathrm{N}}(x_{\mathrm{N}}) \exp\left(-\frac{x - x_{\mathrm{N}}}{L_{\mathrm{h}}}\right) \quad (8.107)$$

この式は，拡散した余剰キャリヤがどのように空間分布するかを示している。p型半導体に拡散した余剰電子密度は $x = x_{\mathrm{P}}$ で $\Delta n_{\mathrm{P}}(x_{\mathrm{P}})$ であるが，接合界面からp型半導体側に離れるに従って正孔と再結合するために電子の拡散距離 L_{e} に応じて指数関数的に減衰する。同じように，n型半導体に拡散した余剰正孔密度は $x = x_{\mathrm{N}}$ で $\Delta p_{\mathrm{N}}(x_{\mathrm{N}})$ であるが，こちらも接合界面からn型半導体側に向かって離れるに従って電子と再結合するために正孔の拡散距離 L_{h} に応じて指数関数的に減衰する（**図 8.20**）。

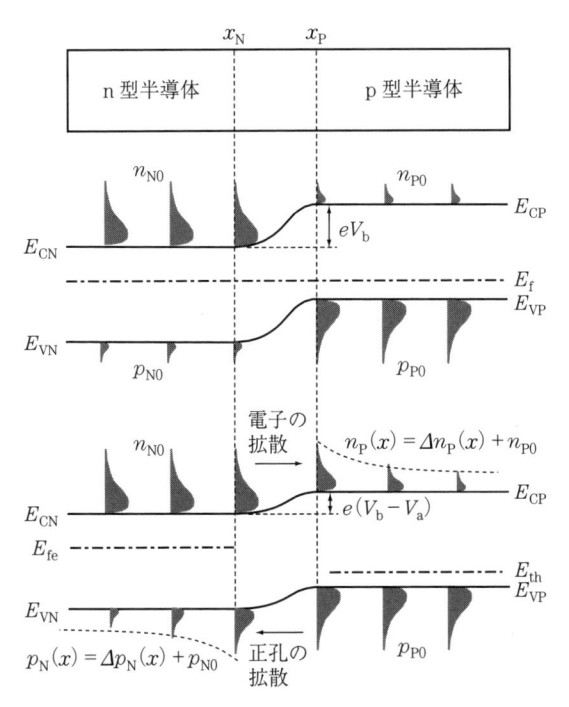

図 8.20 pn 接合ダイオードのキャリヤ拡散とキャリヤ密度の減衰

これでようやく拡散電流密度を求める準備ができた。式 (8.94) に式 (8.104) を代入すると

$$J_{\mathrm{e(diff)}}(x) = \frac{eD_{\mathrm{e}}}{L_{\mathrm{e}}} n_{\mathrm{P0}} \left\{\exp\left(\frac{eV_{\mathrm{a}}}{kT}\right) - 1\right\} \exp\left(-\frac{x_{\mathrm{P}} - x}{L_{\mathrm{e}}}\right) \qquad (8.108)$$

となる。$x = x_{\mathrm{P}}$ では，式 (8.109) のようになる。

$$J_{\mathrm{e(diff)}}(x_{\mathrm{P}}) = \frac{eD_{\mathrm{e}}}{L_{\mathrm{e}}} n_{\mathrm{P0}} \left\{\exp\left(\frac{eV_{\mathrm{a}}}{kT}\right) - 1\right\} \qquad (8.109)$$

同様に，正孔の拡散電流密度は，式 (8.95) に式 (8.105) を代入すると

$$J_{\mathrm{h(diff)}}(x) = \frac{eD_{\mathrm{h}}}{L_{\mathrm{h}}} p_{\mathrm{N0}} \left\{\exp\left(\frac{eV_{\mathrm{a}}}{kT}\right) - 1\right\} \exp\left(-\frac{x - x_{\mathrm{N}}}{L_{\mathrm{h}}}\right) \qquad (8.110)$$

となる。$x = x_{\mathrm{N}}$ では，式 (8.111) のようになる。

$$J_{\mathrm{h(diff)}}(x_{\mathrm{N}}) = \frac{eD_{\mathrm{h}}}{L_{\mathrm{h}}} p_{\mathrm{N0}} \left\{\exp\left(\frac{eV_{\mathrm{a}}}{kT}\right) - 1\right\} \qquad (8.111)$$

以上の結果から，pn 接合を流れる順方向の全電流は遷移領域内の x_{N} と x_{P} の間での拡散電流であるので

$$\begin{aligned} J &= J_{\mathrm{e(diff)}}(x_{\mathrm{P}}) + J_{\mathrm{h(diff)}}(x_{\mathrm{N}}) \\ &= e\left(\frac{D_{\mathrm{e}} n_{\mathrm{P0}}}{L_{\mathrm{e}}} + \frac{D_{\mathrm{h}} p_{\mathrm{N0}}}{L_{\mathrm{h}}}\right) \left\{\exp\left(\frac{eV_{\mathrm{a}}}{kT}\right) - 1\right\} \\ &= J_0 \left\{\exp\left(\frac{eV_{\mathrm{a}}}{kT}\right) - 1\right\} \end{aligned} \qquad (8.112)$$

となる[†]。最後の式変換では pn 接合の不純物密度，キャリヤの拡散係数，拡散距離，そしてバンドギャップによって決まる定数をすべてまとめて J_0 とした。式 (8.112) は pn 接合ダイオードの式としてあまりにも有名な式である。この式を使って計算した結果を図 8.21 に示す。pn 接合の概略で説明したように，順方向のバイアスを加えると，接合部のポテンシャルバリヤが下がり，n 型側から p 型側に電子が流れ込み（拡散し），一方，p 型側から n 型側に正孔が流れ込む（拡散する）。これによって，ダムにためた水が一気に流れるように電流が増加する。逆に，逆バイアスを加えると，ポテンシャルバイアスは高く

[†] 接合部から離れるに従って拡散電流は減少するが，多数キャリヤのドリフト電流がこの減少を補償して全電流は場所によらず一定になっている。

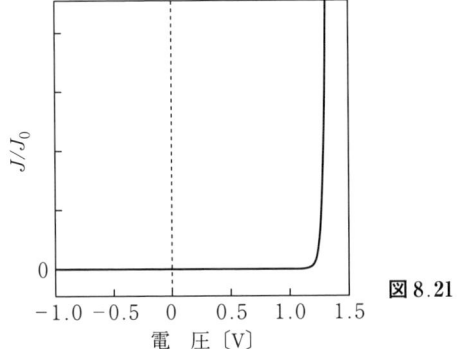

図 8.21 pn 接合ダイオードの電流 - 電圧特性

なって接合界面を横断するキャリヤの移動は起こらない。すなわち電流は流れない。厳密にいえば，逆バイアスを大きくしていくと，接合部でトンネル電流が流れたり，ポテンシャルドロップが大きくなるためにキャリヤ増倍現象が生じる。

順方向バイアス下の電流はこれまで議論してきた拡散電流意外にも接合界面における生成再結合電流も生じる。**生成プロセス**というのは価電子バンドの電子が伝導バンドに移動し自由電子となることをいい，**再結合プロセス**とは伝導バンドの電子が価電子バンドの正孔と再結合することをいう。この生成再結合プロセスは伝導バンドの電子と価電子バンドの正孔が同時に働くので，生成再結合電流が生じるのに必要なポテンシャルバリヤは拡散電流に対するバリヤの半分でよい。この生成再結合電流を考慮した電流密度は式 (8.113) となる。

$$
\begin{aligned}
J &= J_{\text{diff}} + J_{\text{GR}} \\
&= J_0 \left\{ \exp\left(\frac{eV_a}{kT}\right) - 1 \right\} + J_{\text{GR0}} \left\{ \exp\left(\frac{eV_a}{2kT}\right) - 1 \right\} \\
&= J_S \left\{ \exp\left(\frac{eV_a}{nkT}\right) - 1 \right\}
\end{aligned}
\tag{8.113}
$$

最後の式変換で拡散電流と生成再結合電流をひとまとめにして，新しい因子 n を導入した。この因子は**品質因子**（quality factor）と呼ばれ，文字どおりダイオードの品質の指標となる。n は1から2の値をとり，1に近ければ拡散電流が支配的であり，2に近ければ生成再結合電流が支配的となる。この生成再

結合電流は6章で紹介した多接合タンデム型太陽電池で異種半導体間での電流特性に影響する重要な電流である。

　順方向の低バイアス下では生成再結合電流の特徴が現れ，バイアス電圧が大きくなるに従って拡散電流が支配的となり，nは1に近づく。しかし，さらに電圧が高くなり大電流が流れ出すと，印加電圧の一部が接合部以外にも加わり，直列抵抗性分が重畳するようになり，オームの法則に従って電流-電圧特性の勾配が小さくなる。

　pn接合に太陽光が入射すると，余剰キャリヤが生成され，拡散し，電流と電圧が発生する。これが太陽電池の原理であることはこれまでに繰り返し述べてきた。pn接合の話を終えるにあたって，太陽電池において注意しておかないといけないことを一つだけ述べておく。フェルミ分布は熱平衡状態における電子の占有確率を表している。フェルミ準位はその確率が1/2になるエネルギー位置であった。しかし，太陽光が入射して余剰の電子，正孔が生成される非平衡下では電子と正孔に対しては別々のフェルミ準位を考えなければならない。これを**擬フェルミ準位**と呼んだ。この擬フェルミ準位は電極金属のフェルミ準位と一致していなければならず，外部に取り出せる電圧はつまるところ電子と正孔の擬フェルミ準位の差ということになる。電子と正孔の擬フェルミ準位の差はバンドギャップより当然小さくなる。S-Q理論では，最初の"完全理想モデル"において発生する電圧をバンドギャップに等しいと置いた。そして，より現実的な特性を得るために，"詳細平衡モデル"ではこの擬フェルミ準位を導入したのである。

索　　引

【あ】

アインシュタインの関係式　156
アクセプタ　8, 135
アクセプタイオン　11
アップコンバージョン　89

【い】

イオン化　2
イオン化傾向　3
移動度　154

【え】

エアマス　19, 67
エネルギー緩和　134
エネルギー保存則　44
遠赤外光　16

【お】

オーミック性　8
オーミック接合　153

【か】

外因性半導体　127, 135
開放電圧　51, 60
化学電池　1, 6, 12
拡　散　11, 115, 116, 154
拡散距離　118, 159, 171
拡散係数　156
拡散定数　117
拡散電位　162
拡散電流　153, 155, 168
可視光　15

　

価電子　129
価電子帯　127
価電子バンド　29, 81, 127
還元反応　4, 6
間接遷移型半導体　131

【き】

幾何学的因子　44
起電力　42
擬フェルミ準位　85, 159, 174
逆バイアス　172
逆方向バイアス　164
キャリヤの光励起　9
キャリヤ密度　108, 150
吸収係数　111, 112, 113
共有結合　8, 129
許容バンド　29
禁制バンド　29

【く】

空乏領域　8
雲の厚み　99
クーロン斥力　5
クーロンポテンシャル　130
群速度　141

【こ】

光　子　14
公称効率　19
光電流密度　120
高不整合合金　88
光量子仮説　14
黒体輻射　17, 19, 20

　

混成軌道　128
混濁係数　99

【さ】

再結合　8, 10, 42, 133, 134
再結合寿命　117
再結合頻度　157
再結合プロセス　173
最大集光　76, 79, 80, 87
最大集光時の変換効率　37
酸化還元反応　4
酸化反応　4, 6
3接合タンデム型太陽電池　80

【し】

紫外光　16
質量作用の法則　147
集光型太陽電池　68, 73
集光率　74
縮退半導体　147
主量子数　128
順方向バイアス　164, 170, 173
詳細平衡　58
詳細平衡時の変換効率　60
詳細平衡モデル　55, 174
少数キャリヤ　115, 116, 154
状態密度　142
真性半導体　127, 133

【す】

水素原子モデル　139
水分量　99

【せ】

スペクトルモデラー	94
正　極	7
正　孔	9, 127
──の励起	31
正孔密度	46
生　成	42
生成頻度	157
生成プロセス	173
赤外光	16
絶対温度	133

【た】

大気通過量	19, 67
ダイヤモンド構造	129
太陽乾電池	13
太陽光スペクトル	94
太陽電池	1, 12
──の変換効率	25
ダウンコンバージョン	89
多数キャリヤ	154
多接合タンデム型太陽電池	67, 68, 77, 97
単接合太陽電池	27, 69, 95
短絡電流	51, 60

【ち】

中間バンド	81
中間バンド型太陽電池	67, 68, 81, 98
中性領域	8, 163
直接遷移型半導体	131

【て】

電荷中性条件	150
電気的中性	8
電　子	127
──の光励起	9
──の励起	31
電子–正孔対	44, 46
電子密度	46
電子流密度	120
伝導帯	127
伝導バンド	29, 81, 127
電流–電圧特性	56
電流密度	34, 119

【と】

透　過	132
透過損	26, 31, 32, 41
導電率	154
ドナー	8, 135
ドナーイオン	11
ドリフト電流	153, 154, 168

【に】

2接合タンデム型太陽電池	78

【ね】

熱緩和	33
熱緩和時間	33
熱損失	26, 31, 33, 41

【は】

発　光	134
反射損失	26
反射防止膜	26
半導体	127
バンドギャップ	27, 30, 104, 108, 127, 128
バンドギャップエネルギー	30

【ひ】

光増感太陽電池	89
光の侵入長	113
光励起	31
非集光	79, 80, 87
非詳細平衡	55
非輻射再結合	134
非輻射再結合数	47
非輻射生成数	48
品質因子	173

【ふ】

フィルファクタ FF	62
フェルミ準位	127, 147, 151, 162
フェルミ・ディラック統計	143
フォトン	14
──の流量	17
フォトン流量	23
フォノン	33
負　極	7
輻　射	16, 19, 134
輻射再結合数	47
不純物半導体	127, 135
不純物領域	151
プランク定数	14
プランクの黒体輻射	20
プランクの黒体輻射の式	17
分光放射照度	69

【へ】

変換効率	25

【ほ】

ポアソン方程式	166
方位量子数	128
放　射	16, 19, 134
ボルタ電池	1
ボルツマン定数	143
ボルツマン分布	144

【ゆ】

有効状態密度	146

【よ】

余剰電子	8

索引　177

【ら】

ランベルト・ベールの法則	111

【り】

立体角	22, 42

量子井戸	88
量子構造	87
量子効率	115
量子細線	88
量子ドット	88
量子ドット超格子	88
量子ナノ構造	87

理論限界効率	26

【れ】

連続の方程式	116, 157

【A】

AM	19, 67

【G】

GaAs	73, 105, 123
Ge	105

【I】

InP	73

【N】

NREL	69
n型半導体	127, 135

【P】

pn接合	162
pn接合ダイオード	172
p型半導体	127, 135

【S】

Si	73, 104, 121
S‐Q限界	66

【V】

Varshniの半経験的関係式	104

―― 編著者略歴 ――
1985 年　関西学院大学理学部物理学科卒業
1987 年　関西学院大学大学院理学研究科博士前期課程修了
1989 年　大阪大学大学院基礎工学研究科博士後期課程中退
1990 年　神戸大学助手
1991 年　工学博士（大阪大学）
2000 年　神戸大学助教授
2007 年　神戸大学大学院教授
　　　　現在に至る

太陽電池のエネルギー変換効率
Energy Conversion Efficiency of Solar Cells
　　　　　　　　　　　　　　　　　　　　　　　　　© Takashi Kita 2012

2012 年 10 月 26 日　初版第 1 刷発行
2023 年 4 月 5 日　　初版第 3 刷発行　　　　　　　　　　　★

	編 著 者	喜　多　　　　隆
検印省略	発 行 者	株式会社　コ ロ ナ 社
		代 表 者　牛来真也
	印 刷 所	萩原印刷株式会社
	製 本 所	有限会社　愛千製本所

112-0011　東京都文京区千石 4-46-10
発行所　株式会社　コ ロ ナ 社
CORONA PUBLISHING CO., LTD.
Tokyo Japan
振替 00140-8-14844・電話 (03)3941-3131(代)
ホームページ https://www.coronasha.co.jp

ISBN 978-4-339-00842-5　C3054　Printed in Japan　　　　　（新井）

JCOPY　<出版者著作権管理機構 委託出版物>
本書の無断複製は著作権法上での例外を除き禁じられています。複製される場合は，そのつど事前に，出版者著作権管理機構（電話 03-5244-5088，FAX 03-5244-5089，e-mail: info@jcopy.or.jp）の許諾を得てください。

本書のコピー，スキャン，デジタル化等の無断複製・転載は著作権法上での例外を除き禁じられています。購入者以外の第三者による本書の電子データ化及び電子書籍化は，いかなる場合も認めていません。

落丁・乱丁はお取替えいたします。

エコトピア科学シリーズ

■名古屋大学未来材料・システム研究所 編（各巻A5判）

			頁	本 体
1.	エコトピア科学概論 ― 持続可能な環境調和型社会実現のために ―	田原　譲他著	208	2800円
2.	環境調和型社会のためのナノ材料科学	余語利信他著	186	2600円
3.	環境調和型社会のためのエネルギー科学	長崎正雅他著	238	3500円

シリーズ　21世紀のエネルギー

■日本エネルギー学会編　　　　　　　　　（各巻A5判）

			頁	本 体
1.	21世紀が危ない ― 環境問題とエネルギー ―	小島紀徳著	144	1700円
2.	エネルギーと国の役割 ― 地球温暖化時代の税制を考える ―	十市・小川共著 佐川	154	1700円
3.	風と太陽と海 ― さわやかな自然エネルギー ―	牛山　泉他著	158	1900円
4.	物質文明を超えて ― 資源・環境革命の21世紀 ―	佐伯康治著	168	2000円
5.	Cの科学と技術 ― 炭素材料の不思議 ―	白石・大谷共著 京谷・山田	148	1700円
6.	ごみゼロ社会は実現できるか（改訂版）	行立・本田・西共著	142	1800円
7.	太陽の恵みバイオマス ― CO_2を出さないこれからのエネルギー ―	松村幸彦著	156	1800円
8.	石油資源の行方 ― 石油資源はあとどれくらいあるのか ―	JOGMEC調査部編	188	2300円
9.	原子力の過去・現在・未来 ― 原子力の復権はあるか ―	山地憲治著	170	2000円
10.	太陽熱発電・燃料化技術 ― 太陽熱から電力・燃料をつくる ―	吉田・児玉共著 郷右近	174	2200円
11.	「エネルギー学」への招待 ― 持続可能な発展に向けて ―	内山洋司編著	176	2200円
12.	21世紀の太陽光発電 ― テラワット・チャレンジ ―	荒川裕則著	200	2500円
13.	森林バイオマスの恵み ― 日本の森林の現状と再生 ―	松村・吉岡共著 山崎	174	2200円
14.	大容量キャパシタ ― 電気を無駄なくためて賢く使う ―	直井・堀編著	188	2500円
15.	エネルギーフローアプローチで見直す省エネ ― エネルギーと賢く、仲良く、上手に付き合う ―	駒井啓一著	174	2400円

定価は本体価格+税です。
定価は変更されることがありますのでご了承下さい。

図書目録進呈◆

光エレクトロニクス教科書シリーズ

（各巻A5判，欠番は品切です）

コロナ社創立70周年記念出版　〔創立1927年〕

■企画世話人　西原　浩・神谷武志

配本順		頁	本体
1.（8回）	新版 光エレクトロニクス入門　西原　浩／裏　升吾 共著	222	2900円
2.（2回）	光　波　工　学　栖原敏明 著	254	3200円
3.	光デバイス工学　小山二三夫 著		
4.（3回）	光通信工学（1）　羽鳥光俊／青山友紀 監修　小林郁太郎 編著	176	2200円
5.（4回）	光通信工学（2）　羽鳥光俊／青山友紀 監修　小林郁太郎 編著	180	2400円
6.（6回）	光情報工学　黒川隆志／滝沢國治 編著　徳丸春樹／渡辺敏英 共著	226	2900円

フォトニクスシリーズ

（各巻A5判，欠番は品切または未発行です）

■編集委員　伊藤良一・神谷武志・柊元　宏

配本順		頁	本体
1.（7回）	先端材料光物性　青柳克信 他著	330	4700円
3.（6回）	太　陽　電　池　濱川圭弘 編著	324	4700円
13.（5回）	光導波路の基礎　岡本勝就 著	376	5700円

定価は本体価格+税です。
定価は変更されることがありますのでご了承下さい。

図書目録進呈◆

シミュレーション辞典

日本シミュレーション学会 編
A5判／452頁／本体9,000円／上製・箱入り

- ◆編集委員長　大石進一（早稲田大学）
- ◆分野主査　　山崎　憲（日本大学），寒川　光（芝浦工業大学），萩原一郎（東京工業大学），
　　　　　　　矢部邦明（東京電力株式会社），小野　治（明治大学），古田一雄（東京大学），
　　　　　　　小山田耕二（京都大学），佐藤拓朗（早稲田大学）
- ◆分野幹事　　奥田洋司（東京大学），宮本良之（産業技術総合研究所），
　　　　　　　小俣　透（東京工業大学），勝野　徹（富士電機株式会社），
　　　　　　　岡田英史（慶應義塾大学），和泉　潔（東京大学），岡本孝司（東京大学）

（編集委員会発足当時）

シミュレーションの内容を共通基礎，電気・電子，機械，環境・エネルギー，生命・医療・福祉，人間・社会，可視化，通信ネットワークの8つに区分し，シミュレーションの学理と技術に関する広範囲の内容について，1ページを1項目として約380項目をまとめた。

- I　共通基礎（数学基礎／数値解析／物理基礎／計測・制御／計算機システム）
- II　電気・電子（音　響／材　料／ナノテクノロジー／電磁界解析／VLSI設計）
- III　機　械（材料力学・機械材料・材料加工／流体力学／熱工学／機械力学・計測制御・生産システム／機素潤滑・ロボティクス・メカトロニクス／計算力学・設計工学・感性工学・最適化／宇宙工学・交通物流）
- IV　環境・エネルギー（地域・地球環境／防　災／エネルギー／都市計画）
- V　生命・医療・福祉（生命システム／生命情報／生体材料／医　療／福祉機械）
- VI　人間・社会（認知・行動／社会システム／経済・金融／経営・生産／リスク・信頼性／学習・教育／共　通）
- VII　可視化（情報可視化／ビジュアルデータマイニング／ボリューム可視化／バーチャルリアリティ／シミュレーションベース可視化／シミュレーション検証のための可視化）
- VIII　通信ネットワーク（ネットワーク／無線ネットワーク／通信方式）

本書の特徴

1. シミュレータのブラックボックス化に対処できるように，何をどのような原理でシミュレートしているかがわかることを目指している。そのために，数学と物理の基礎にまで立ち返って解説している。
2. 各中項目は，その項目の基礎的事項をまとめており，1ページという簡潔さでその項目の標準的な内容を提供している。
3. 各分野の導入解説として「分野・部門の手引き」を供し，ハンドブックとしての使用にも耐えうること，すなわち，その導入解説に記される項目をピックアップして読むことで，その分野の体系的な知識が身につくように配慮している。
4. 広範なシミュレーション分野を総合的に俯瞰することに注力している。広範な分野を総合的に俯瞰することによって，予想もしなかった分野へ読者を招待することも意図している。

定価は本体価格＋税です。
定価は変更されることがありますのでご了承下さい。　　　　　　　　　　　　　　　　図書目録進呈◆

カーボンナノチューブ・グラフェンハンドブック

フラーレン・ナノチューブ・グラフェン学会 編
B5判／368頁／本体10,000円／箱入り上製本

監　　修：飯島　澄男，遠藤　守信
委 員 長：齋藤　弥八
委　　員：榎　敏明，斎藤　晋，齋藤理一郎，
（五十音順）篠原　久典，中嶋　直敏，水谷　孝
（編集委員会発足時）

本ハンドブックでは，カーボンナノチューブの基本的事項を解説しながら，エレクトロニクスへの応用，近赤外発光と吸収によるナノチューブの評価と光通信への応用の可能性を概観。最近嘱目のグラフェンやナノリスクについても触れた。

【目　次】

1. CNTの作製
   1.1 熱分解法／1.2 アーク放電法／1.3 レーザー蒸発法／1.4 その他の作製法
2. CNTの精製
   2.1 SWCNT／2.2 MWCNT
3. CNTの構造と成長機構
   3.1 SWCNT／3.2 MWCNT／3.3 特殊なCNTと関連物質／3.4 CNT成長のTEMその場観察／3.5 ナノカーボンの原子分解能TEM観察
4. CNTの電子構造と輸送特性
   4.1 グラフェン，CNTの電子構造／4.2 グラフェン，CNTの電気伝導特性
5. CNTの電気的性質
   5.1 SWCNTの電子準位／5.2 CNTの電気伝導／5.3 磁場応答／5.4 ナノ炭素の磁気状態
6. CNTの機械的性質および熱的性質
   6.1 CNTの機械的性質／6.2 CNT撚糸の作製と特性／6.3 CNTの熱的性質
7. CNTの物質設計と第一原理計算
   7.1 CNT，ナノカーボンの構造安定性と物質設計／7.2 強度設計／7.3 時間発展計算／7.4 CNT大規模複合構造体の理論
8. CNTの光学的性質
   8.1 CNTの光学遷移／8.2 CNTの光吸収と発光／8.3 グラファイトの格子振動／8.4 CNTの格子振動／8.5 ラマン散乱スペクトル／8.6 非線形光学効果
9. CNTの可溶化，機能化
   9.1 物理的可溶化および化学的可溶化／9.2 機能化
10. 内包型CNT
    10.1 ピーポッド／10.2 水内包SWCNT／10.3 酸素など気体分子内包SWCNT／10.4 有機分子内包SWCNT／10.5 微小径ナノワイヤー内包CNT／10.6 金属ナノワイヤー内包CNT
11. CNTの応用
    11.1 複合材料／11.2 電界放出電子源／11.3 電池電極材料／11.4 エレクトロニクス／11.5 フォトニクス／11.6 MEMS，NEMS／11.7 ガスの吸着と貯蔵／11.8 触媒の担持／11.9 ドラッグデリバリーシステム／11.10 医療応用
12. グラフェンと薄層グラファイト
    12.1 グラフェンの作製／12.2 グラフェンの物理／12.3 グラフェンの化学
13. CNTの生体影響とリスク
    13.1 CNTの安全性／13.2 ナノカーボンの安全性

定価は本体価格+税です。
定価は変更されることがありますのでご了承下さい。

図書目録進呈◆